中国软科学研究丛书

丛书主编：张来武

"十一五"国家重点图书出版规划项目
国家软科学研究计划资助出版项目

气象灾害防御体系构建

辛吉武　陈　明　胡玉蓉　高　峰　许向春　编著

科学出版社

北　京

内 容 简 介

本书概述了国内外气象灾害防御的现状和先进经验,分析总结了成功和失败典型个案的经验及教训;设计了我国气象灾害防御的组织体系、职责分工和联动机制;提出了气象灾害防御规划和应急预案的编制技术要领;明确了气象灾害防御各阶段的主要任务和内容;还提出了气象灾害防御最薄弱的基层单元防御气象灾害的机构组成和职责,明确了重点任务和行动计划,目的是以研究成果的应用促进全社会防御气象灾害能力的提高。

本书可供各级政府组织,自然灾害防御相关部门工作人员、研究人员,气象部门工作人员,相关专业的高校学生,以及社区、农村、渔船船队等基层组织成员,参与或关注气象灾害防御的人员参考使用。

图书在版编目(CIP)数据

气象灾害防御体系构建/辛吉武等编著. —北京:科学出版社,2014.4
(中国软科学研究丛书)
ISBN 978-7-03-040159-5

I. ①气… II. ①辛… III. ①气象灾害-灾害防治-研究-世界
IV. ①P429

中国版本图书馆 CIP 数据核字(2014)第 045627 号

丛书策划:林鹏 胡升华 侯俊琳
责任编辑:杨婵娟 乔艳茹 /责任校对:朱光兰
责任印制:赵 博 /封面设计:黄华斌 陈敬
编辑部电话:010-64035853
E-mail:houjunlin@mail.sciencep.com

科 学 出 版 社 出版
北京东黄城根北街 16 号
邮政编码:100717
http://www.sciencep.com

北京科印技术咨询服务有限公司数码印刷分部印刷
科学出版社发行 各地新华书店经销

*

2014 年 5 月第 一 版 开本:720×1000 1/16
2025 年 2 月第五次印刷 印张:12 3/4
字数:236 000
定价:78.00 元
(如有印装质量问题,我社负责调换)

总　序

　　软科学是综合运用现代各学科理论、方法,研究政治、经济、科技及社会发展中的各种复杂问题,为决策科学化、民主化服务的科学。软科学研究是以实现决策科学化和管理现代化为宗旨,以推动经济、科技、社会的持续协调发展为目标,针对决策和管理实践中提出的复杂性、系统性课题,综合运用自然科学、社会科学和工程技术的多门类多学科知识,运用定性和定量相结合的系统分析和论证手段,进行的一种跨学科、多层次的科研活动。

　　1986 年 7 月,全国软科学研究工作座谈会首次在北京召开,开启了我国软科学勃兴的动力阀门。从此,中国软科学积极参与到改革开放和现代化建设的大潮之中。为加强对软科学研究的指导,国家于 1988 年和 1994 年分别成立国家软科学指导委员会和中国软科学研究会。随后,国家软科学研究计划正式启动,对软科学事业的稳定发展发挥了重要的作用。

　　20 多年来,我国软科学事业发展紧紧围绕重大决策问题,开展了多学科、多领域、多层次的研究工作,取得了一大批优秀成果。京九铁路、三峡工程、南水北调、青藏铁路乃至国家中长期科学和技术发展规划战略研究,软科学都功不可没。从总体上看,我国软科学研究已经进入各级政府的决策中,成为决策和政策制定的重要依据,发挥了战略性、前瞻性的作用,为解决经济社会发展的重大决策问题作出了重要贡献,为科学把握宏观形势、明确发展战略方向发挥了重要作用。

　　20 多年来,我国软科学事业凝聚优秀人才,形成了一支具有一定实力、知识结构较为合理、学科体系比较完整的优秀研究队伍。据不完全统计,目前我国已有软科学研究机构 2000 多家,研究人员近 4 万人,每年开展软科学研究项目 1 万多项。

　　为了进一步发挥国家软科学研究计划在我国软科学事业发展中的导向作用，促进软科学研究成果的推广应用，科学技术部决定从 2007 年起，在国家软科学研究计划框架下启动软科学优秀研究成果出版资助工作，形成"中国软科学研究丛书"。

　　"中国软科学研究丛书"因其良好的学术价值和社会价值，已被列入国家新闻出版总署"'十一五'国家重点图书出版规划项目"。我希望并相信，丛书出版对于软科学研究优秀成果的推广应用将起到很大的推动作用，对于提升软科学研究的社会影响力、促进软科学事业的蓬勃发展意义重大。

科技部副部长

2008 年 12 月

在全球气候变化的大背景下,局地性、突发性、极端性气象灾害呈现多发频发的趋势,并具有难预难防的特点,造成的灾害损失很大,越来越受到社会各界的关注。近几年,我国自然灾害造成的人员伤亡和直接经济损失主要来自气象及相关灾害,有效防御气象灾害不但可以保护人民群众的生命财产安全,更能促进和谐社会的建设。

党中央、国务院高度重视气象灾害防御工作。近年来,为提高全社会气象灾害的防御能力,防御和减轻气象灾害的影响,保障人民生命财产安全,我国做出了一系列战略部署。国务院 2006 年下发了《关于加快气象事业发展的若干意见》,2010 年颁布实施《气象灾害防御条例》;国务院办公厅 2007 年下发了《关于进一步加强气象灾害防御工作的意见》,2011 年又下发了《关于加强气象灾害监测预警及信息发布工作的意见》,明确了加强防灾减灾能力建设,进一步完善防灾减灾体系,特别是要加强基层气象灾害防御能力和体系建设的任务要求。在党中央、国务院的正确领导下,各级党委、政府和国务院有关部门对气象灾害防御的重视程度和工作力度不断加大,以人为本、关注民生的防灾减灾理念逐步深入,科学防灾、综合减灾的防灾减灾思路日益强化,广大人民群众的防灾意识和能力明显提高,"政府主导、部门联动、社会参与"的气象防灾减灾机制初步形成,气象灾害防御的组织机构和运行机制逐步完善,气象灾害防御能力和水平大大提高,气象灾害防御的效益显著提升。

然而,必须看到,我国气象灾害防御的基础仍然较为薄弱,气象灾害防御的机制还不够健全,气象灾害防御的理念尚待全面转变,气象灾害防御的法律法规体系仍需完善,防御知识的宣传教育和培训还需进一步强化,特别是农村、社区防御能力仍很薄弱,与发达国家相比还有一定差距,实现科学、高效、综合防御气象灾害的任务还很繁重。

该书的作者以宽阔的视角,进行了大量的调研和比较系统的资料收集梳理,全面分析了国内外气象灾害防御的现状并总结先进经验;采用案例分析方法,对成功和失败的气象灾害影响个例进行典型分析,总结经验教训。在此基础上,围绕气象灾害防御的制度设计、任务分类及实施等问题开展了系统的分析研究。该书提出的气象灾害防御组织体系、职责分工、联动机制建设及配置资源等内容,体现了节约防御成本、科学高效防御灾害的设计思想;该书针对目前气象灾害防御规划和应急预案编制中内容较为宏观、可操作性不强的问题,提出了重大气象灾害预案编制技术要领,为编制防御规划和应急预案提供了有效参考;该书提出的气象灾害防御分阶段任务和基层单元气象灾害防御任务等内容具有较强的实践指导性。

　　该书是一本对气象灾害防御的机制和任务构建进行了比较系统的论述的著作,具有理论和实践相结合的特点,对全面推进气象灾害防御体系建设的研究和实践工作有很好的参考价值。

　　我谨向该书作者和出版社表示衷心的感谢!

中国气象局副局长

矫梅燕

2013 年 6 月

　　随着经济发展,灾害造成的损失越来越严重,已成为制约和谐社会建设的主要因素之一,如何加强气象灾害防御机制建设已成为全球关注的问题。我国作为一个受气象灾害影响严重的发展中国家,在全面建设社会主义小康社会与和谐社会的今天,气象灾害防御机制研究更具重要性和紧迫性。

　　近年来气象灾害发生率一直在急剧上升,面对自然灾害的影响,世界所有的国家和地区几乎无一幸免。我国幅员辽阔,东部位于东亚季风区,西部地处内陆,地形地貌多样,加之青藏高原大地形的作用,影响我国的天气和气候系统复杂,致使我国成为世界上受气象灾害影响最为严重的国家之一。我国气象灾害具有灾害种类多、影响范围广、发生频率高、持续时间长,且时空分布不均匀等特点,平均每年造成的经济损失占全部自然灾害损失的70%以上。我国自然灾害造成的人员伤亡和直接经济损失主要来自气象及相关灾害,特别是台风、暴雨等灾害损失不断增大,给人民群众的生命财产安全带来了严重威胁。随着全球气候变化,一些极端天气气候事件发生的频率越来越高,强度越来越大,对经济社会发展和人民福祉安康的威胁也日益加剧。近十几年来,我国每年受台风、暴雨、冰雹、寒潮、大风、暴风雪、沙尘暴、雷暴、浓雾、干旱、洪涝、高温等气象灾害和森林草原火灾、山体滑坡、泥石流、山洪、病虫害等气象次生和衍生灾害影响的人口达4亿人次。

　　新中国成立以来,特别是改革开放30多年来,党中央、国务院高度重视气象灾害防御工作。在党中央、国务院的正确领导下,全国上下高度重视气象灾害防御工作,防灾减灾理念已发生很大变化,科学防灾、综合减灾的防灾减灾思路日益强化,广大人民群众的防灾意识和防灾知识水平明显提高,气象灾害防御的组织机构、运行机制、应急预案体系逐步完善,气象灾害防御能力和水平大大提高,科学防御气象灾害的经济社会效益十分显著。

　　近年来,国内外学者也在广泛开展灾害防御技术和体制的研究,为政府提供了理论技术支持。学者们的研究成果、各级政府和部门的应急预案、各类防御气象灾害的经验总结、各种气象灾害防御组织机构和运行机制的探索为今天完成《气象灾害防御体系构建》一书奠定了良好的基础。本书包括六章内容。第一章是对全球典型国家和地区气象灾害防御机制现状的分析。第二章是我国气象灾害防御与机制建设,通过分析总结国内外气象灾害防御的先进经验,提出了我国气象灾害防御中存在的不利因素和对应建议。第三章是气象灾害防御个案分析,通过对成功和失败的个例进行案例分析,总结经验教训。第四章是气象灾害防御高效机制设计,在前三章分析研究的基础上,设计了气象灾害防御的组织体系,明确职责分工,建立联动机制,合理配置资源,实现节约防御成本、提高科学高效防御能力的目的;还对目前防御规划和应急预案编制中存在内容较为宏观、操作性不强的问题进行研究,提出编制技术要领,为编制防御规划和应急预案提供一个有效参考,通过实施完备的防御规划和应急预案来实现有序、高效地防御气象灾害。第五章是气象灾害防御各阶段的主要任务,通过对气象灾害防御的各阶段工作任务进行分析研究,明确各阶段的主要任务内容,为气象灾害防御工作的开展提供参考。第六章是气象灾害防御基础单元行动计划和重点任务,对气象灾害防御最薄弱的基层单元(社区、农村、渔船)如何开展防御工作进行研究,设计其机构组成和职责,提出当前的重点任务和行动计划,以提高基层防御能力,促进全社会防御能力的提高。

自 2005 年以来,本书研究小组就针对如何建立高效率、低成本、联动快速、应急到位、政府领导、多部门配合、全面参与的防御机制展开了研究。在研究工作期间,得到了中国气象局、海南省应急管理办公室、海南省防汛防旱防风总指挥办公室、各省(自治区、直辖市)气象局应急管理办公室,以及海南省海口市气象局、琼海市气象局的大力支持,2009 年还得到了国家软科学研究计划项目的资助,项目研究工作始终在中国气象局政策法规司的指导和关心下开展,使项目组顺利完成了各项研究任务。在此,对上述单位及专家学者和领导表示衷心的感谢!

全书共分为六章,由海南省气象局辛吉武主持完成;第一章由许向春执笔;第二章由陈明执笔;第三章由胡玉蓉执笔;第四章、第六章和后记由辛吉武执笔;第五章由高峰执笔。附录的资料收集和整理工作由陈明完成。

限于作者学术水平,加之编写时间较紧,本书难免存在不足之处,恳请读者批评指正。

辛吉武

2013 年 6 月 1 日

目 录 ．．．．．．．．．．．．．．．．．．．．▶ CONTENTS

第一章　全球典型国家和地区气象灾害防御机制现状

20世纪的观测事实表明，全世界70%的自然灾害和气象相关。尽管世界各地气象灾害种类各异、影响程度不一，但专家研究发现：欠发达地区比发达地区更容易产生自然灾害，自然灾害造成的损失与该地的经济政治发展程度密切相关，同等级的自然灾害在发达国家造成的经济损失比发展中国家严重，但造成的人员伤亡数量远少于发展中国家（Garatwa和Bollin，2002）。进入21世纪，气象灾害带来的损失更加严重，对人类社会可持续发展的影响更大。据联合国《2013年全球减灾评估报告》，2000年以来，自然灾害造成的直接损失已经高达2.5万亿美元，而且自然灾害造成的损失呈现显著的增大趋势（石龙，2013）。主要原因有两方面：其一，气候变化引起的极端气象事件增多；其二，人类面对自然灾害的脆弱性加大。气象灾害的防御引起了国际社会的普遍关注。

世界各国对气象灾害的防御工作高度重视。2005年联合国发布关于自然灾害防御的《兵库宣言》及《兵库行动框架》，其中《兵库行动框架》确立了2005~2015年全球减灾工作的战略目标和行动重点，确保防灾减灾成为各国政府部门的工作重心之一，在各个层面上建设安全文化和减灾文化，加强灾害识别与评估、灾害风险监测等工作，增强早期预警能力，减少潜在的灾害危险因素，增强灾害防御准备能力，确保对灾害做出有效反应。据统计，美国、日本、中国等21个国家制定了防灾减灾计划，积极响应《兵库宣言》和《兵库行动框架》，加强减轻灾害风险的国际合作，促进减灾活动与发展规划的结合，提升区域和国家抗御气象灾害风险的能力。

然而，由于各国遭受的气象灾害种类和影响程度不同，行政管理体制、经济形态，以及防灾投入、科技水平、公民素质相差较大，灾害管理方式各有特点，灾害管理水平参差不齐。总的来说，主要有三类较为典型。第一类以美国、日本为代表。其特征是经济发达、整体国力富强，虽是世界上遭受气象灾害种类最多、最为严重的国家，但灾害防御体系十分完善。灾害防御机制的主要特色是政府主导、法制配套、规划超前。第二类以英国、澳大利亚、中国香港地区为代表。这些国家和地区气象灾害管理模式相对灵活，特色是社会参与，在灾害防御体系中，非政府组织的作用和贡献相当突出。第三类以俄罗斯、印度和泰国为代表。这些国家和地区经济不够发达，但气象灾害危害却十分严重，在长期的气象灾害防御实践中，积累了丰富的地方防灾经验。作为亚太防灾中心的主要成员，其在灾害联防、科普教育方面别具特色，适合当地国情。以下以这三类气象灾害防御机制较为典型的国家和地区作为研究对象，通过大量查阅相关文献和官方网站，对其气象灾害防御机制现状中的 6 个主要环节（防灾理念与法律保障、管理模式及机构设置、防灾规划与资金保障、监测预警与响应流程、社区防灾能力与非政府组织、防灾教育与培训）进行考察，分析其差距，总结防灾经验和教训，提出适合我国的高效气象灾害防御机制。

第一节　气象灾害种类

气象灾害是世界上影响最严重的自然灾害之一，其种类繁多，包括大气直接产生的灾害和衍生灾害两种。其影响特点不尽相同，有的气象灾害突发性强，如强风暴、龙卷风等；有的持续时间长，如干旱和洪涝等；有的群发性特征显著，如暴雨、洪涝等。通常在同一时间段内会出现多种气象灾害，具有明显的区域性特征。了解当地气象灾害种类是气象灾害防御机制研究的基础。从世界范围来看，气象灾害种类的分布与地理位置密切相关。在低纬地区，如印度、巴西、泰国等国家，典型的气象灾害有旱灾、洪涝和热带气旋（飓风）。在中高纬地区，气象灾害的种类更多，除了低纬地区常见的灾害种类外，还有强风暴、龙卷风、暴雪、低温、浓雾等。表 1-1 列出了本章主要考察的全球典型国家和地区的气象灾害种类。

表 1-1　全球典型国家和地区的主要气象灾害种类

气象灾种	美国	英国	日本	俄罗斯	澳大利亚	印度	泰国	中国香港
1	洪水	大风	台风	低温	洪水	飓风	洪水	台风
2	强风暴	暴雨	暴雨	暴雪	暴雨	旱灾	旱灾	暴雨
3	飓风	暴雪	暴雪	洪水	飓风	洪水	台风	高温
4	暴雪	浓雾	洪水	干旱				
5	龙卷风	冰霜	大风					
6	干旱	干旱	龙卷风					

资料来源：亚洲减灾中心网站，http://www.adrc.asia/disaster/index.php

第二节　防灾理念与法律保障

进入 21 世纪以来，世界各国在总结防御自然灾害的经验与教训过程中，防灾理念有了较大改变。联合国提出的"国际防灾战略"是：把防灾的重心从灾后的应对转向灾前的预防；从重视防灾硬件设施建设转向强化对灾害的管理；从强调政府的作用转向推进建设防灾型社区（张庆阳，2008）。发达国家的气象灾害防御工作重心发生了明显转变：一是从以救灾为主向灾害风险的预先防范和评估转变；二是从单个灾害、单一区域的减灾行为向综合、协调的减灾规划和行动转变；三是从依赖灾后补救向对全社会自然灾害恢复能力的规划和建设转变。

　　发达国家在 20 世纪后半叶就开始了自然灾害防御的法制化建设进程，最为典型的代表是美国和日本，20 世纪五六十年代两国出台了国家防灾基本法，之后陆续完善沿海区域、河川等专项防灾法律、省一级的地方防灾法规，以及某一气象灾种（如洪涝）防御法（表 1-2），健全的防灾法律体系保障了防灾减灾国策的高效实施。而欠发达国家的防灾法律体系建设较晚，大部分国家 21 世纪初才开始制定或完善国家层面的综合防灾基本法，目前正积极完善专项及地方法规。尽管防灾理念已逐渐从救灾为主向灾害管理转变，有些国家防灾减灾的实践经验也较丰富，但由于缺乏健全的防灾法律体系，依法防灾程度和水平与发达国家相比有很大的差距。

表 1-2　全球典型国家和地区专项或地方防灾法

国家和地区	国家防灾基本法	区域及地方防灾法	气象灾害防御法
美国	《灾害救助法》 《联邦民防法》 《斯坦福法》 《美国联邦灾害紧急救援法案》	《沿海区域管理法》 州《自然灾害救助法》	《防洪法》 《洪水灾害防御法》 《沿海防洪紧急法案》 《全国洪水保险法》
日本	《灾害对策基本法》等 6 项	《灾害救助法》《海岸法》等 46 项专项法规 都、道、府、县 《防灾对策基本条例》	《气象业务法》 《气候变暖对策法》 《防洪法》
英国	《英国突发事件应对法》		
澳大利亚	《国家应急救援管理》	首都区域《1999 年紧急事务管理法案》、昆士兰州《救灾组织法》	
中国香港	《中华人民共和国香港特别行政区基本法》		《中华人民共和国气象法》 《中华人民共和国防洪法》 《台风灾害应急条例》
俄罗斯	《联邦应急法》 《俄罗斯联邦紧急状态法》	《特例法》	
印度	《灾害管理法 2005》		
泰国	《防灾减灾法 2007》		

一　美国

　　美国具有清晰明确的防灾理念：软件重于硬件、平时重于灾时、地方重于中央（张庆阳，2008）。

　　美国防灾法制体系以 1950 年通过的《灾害救助法》与《联邦民防法》为母法（游志斌，2006a），1988 年，国会通过《罗伯特·斯坦福救灾与应急救助法》（*The Robert T. Stafford Disaster Relief and Emergency Assistance Act*，简称

《斯坦福法》），1992 年，国会批准出台《美国联邦灾害紧急救援法案》。经过将近半个世纪的完善，《灾害救助法》《联邦民防法》《斯坦福法》《美国联邦灾害紧急救援法案》4 部法律共同构成了的国家防灾基本法。其中，《美国联邦灾害紧急救援法案》以法律形式规定了包括气象灾害在内的灾害紧急救援的基本原则、救助范围和形式，以及政府各部门、部队、社会组织、公民的责任和义务，为防治气象灾害提供了法律依据和保障；此外，各州依据《斯坦福法》分别制定符合地方特色的州《自然灾害救助法》，作为地方政府救灾行动的依据。针对作为美国最严重的气象灾害之一的洪涝灾害，美国制定了《防洪法》《洪水灾害防御法》等法律法规。针对沿海区域气象灾害特点，制定了《沿海区域管理法》《沿海防洪紧急法案》等专项防洪法规。可以看出，美国防灾法律体系完整性强、层次清晰、针对性好、易于操作。

二 日本

日本防灾理念遵循 3 个原则：①依法防灾原则，即政府按照成文的法律法规、依法规而制定的应对举措处理危机；②国民第一原则，即保护国民在灾害或危机状态下的生命、健康和财产是政府行政的重要职责；③地方自治原则，即国家严格依据法律行事，即使在紧急时期，也不能对都道府县和市町村进行干预。

日本的防灾法律法规是一个以《灾害对策基本法》为龙头的庞大体系。按照日本《防灾白皮书》的分类，至 2002 年，这一体系已有 52 项法律（林家彬，2002）。其中属于基本法的有《灾害对策基本法》等 6 项，与防灾直接有关的有《河川法》《海岸法》等 15 项，属于灾害应急对策法的有《消防法》《水防法》《灾害救助法》3 项，与灾害发生后的恢复重建及财政金融措施有直接关系的有《关于应对重大灾害的特别财政援助法》《公共土木设施灾害重建工程费国库负担法》等 24 项，与防灾机构设置有关的有《消防组织法》等 4 项。

作为防灾减灾基本法的《灾害对策基本法》是日本在经历了 1959 年的伊势湾台风严重灾害以后于 1961 年公布实施的，1995 年 9 月进行修订后，2013 年 6 月再次修订。该法具有"防灾宪法"之称，主要对政府、民众的与防灾责任、防灾组织机构、防灾规划制订、应急管理等有关的重大事项做出了明确规定。在基本法中，对风灾、水灾、台风灾害、雪灾等气象灾害的预报、警报、预防、应急对策、防灾计划、救灾援助、灾后重建等都有明文规定（黄雁飞，2007）。除了《灾害对策基本法》，日本 1946 年制定的《灾害救助法》也在防灾减灾中起核心作用。针对气象灾害，日本政府还制定了《防洪法》《气象业务法》《气候变暖对策法》等。与美国相比，日本的法律体系构架与美国非常相似，但法律种类更为丰富，共制定了 227 部有关防灾减灾的法律法规（张庆阳，2008），除国家层面外，各都、道、府、县都制定了《防灾对策基本条例》等省级的地方性法规。一系列法律法规的颁布实施，显著提高了日本的依法防灾水平。

三　英国

英国的防灾理念是：重预防，注长效。强调预防灾难是应急管理的关键，要求政府把应急管理与常态管理结合起来，尽可能降低灾难发生的风险。

英国议会 2004 年通过的《英国突发事件应对法》是规范和指导英国政府处理包括气象灾害在内的突发事件的综合减灾基本法。这部法律被国际社会认为是较为成功的灾害防御应对法。随后，英国又出台了《2005 年国内紧急状态法案执行规章草案》。由于英国遭受自然灾害影响的程度较美、日等其他发达国家轻，至 2013 年未出台针对某种气象灾害防御的法律法规，但对气象灾害防御工作仍很重视，在《英国突发事件应对法》中，规定了气象部门制定气象灾害防御规划等相关义务。

四　澳大利亚

澳大利亚的防灾理念可概括为"4 个概念和 6 个原则"（郭跃，2005）。4 个概念：一是全灾害方法，即同样的应急管理安排可以应用到各种灾害的应急处理中；二是综合的方法，即灾害应急管理应有预防（prevention）、备灾（preparedness）、响应（response）和恢复（recovery）4 个基本要素（PPRR）；三是所有机构的方法，即防灾减灾安排是基于所有相关机构、各级政府、非政府组织和社区间的积极的"伙伴关系"，许多不同的组织在执行"PPRR"的一个或多个管理要素中起着重要的作用，它们代表着一定的规划和管理结构；四是充分准备的社区。6 个原则：必须有一个防灾减灾操作机构；必须依法防灾减灾；必须指定支援抗灾的资源调配机构；必须具备有效的信息管理机制；实时启动应急方案；有效进行防灾减灾。

《国家应急救援管理》是澳大利亚应急管理的纲领性法律（周松，2010），是联邦、州、领地和地方政府制定减灾计划、应急预案和进行灾后救助安排的指导性文件。澳大利亚的防灾法律法规以各州、区域的立法为主。澳大利亚联邦政府倾向于以不立法的方法达成任务，它的关键思想和基本点已被纳入各州相关的法律条文中，从而具有强制性特征。除了西澳大利亚外，其他州与地区均有特定的灾害应急管理立法，提供紧急事件或灾害的宣告权力及某些特定的权力，以有效应对灾害，如首都区域《1999 年紧急事务管理法案》、昆士兰州《救灾组织法》。

五 中国香港

中国香港的防灾理念是：规划先行，依法防灾，全民参与。香港特区政府把减灾工作提到重要议事日程，作为 21 世纪人类社会可持续发展的战略课题。各级官员在深入调研和反复论证的基础上，向特区政府提交减灾法案，通过立法的形式，建立专门机构、健全各类防灾规划，以此来保证防灾减灾成为日常的社会工作，常年开展。

《中华人民共和国香港特别行政区基本法》第 18 条第 4 款规定：全国人民代表大会常务委员会决定宣布战争状态或香港行政区内发生香港特别行政区政府不能控制的危及国家统一或安全的动乱而决定香港特别行政区进入紧急状态，中央人民政府可发布命令将有关全国性法律在香港特别行政区实施。也就是说，在中国统一的法律体系中，紧急状态法律制度是直接适用于香港特别行政区的。因此，《中华人民共和国气象法》《中华人民共和国防洪法》《台风灾害应急条例》等我国有关气象灾害防御的法律可直接规范香港地区的重大灾害的防御。由于香港辖区较小，特区政府针对本地需求，制定了一系列地方的灾害监测、报告、应变条例，这些地方法规详细规范，可操作性强，体现了细致入微的特点。

六 俄罗斯

苏联解体后，俄罗斯未建立起清晰的灾害防御理念，应急管理政策缺乏明确的发展方向，法律法规不能满足全国灾害管理的基本需求。

《联邦应急法》（1994 年）是俄罗斯抵御联邦共同体领土范围内发生的自然灾害和技术性灾害的基本法。2001 年通过《俄罗斯联邦紧急状态法》，2003 年及 2005 年进行了两次修订，该法启动后即成为防灾"小宪法"，在其统领之下政府出台了很多具体的部门法规。例如，《特例法》是规范俄罗斯紧急事件和各类灾害的专项法规。另外，俄罗斯联邦各个实体模仿现有的联邦管理政策，积极制定自己的法案，使得俄罗斯联邦仅仅关于应急救援的法律法规就有数百个联邦各部门发布的内部命令及上千个区域性条例。整体来说，俄罗斯联邦应急法和其他防灾法规，存在规划不够详尽、容易忽视紧急事件的前因后果、无法察觉危险源对社会和环境所造成的影响、忽略了社区对此紧急冲击所做的回应等问题（游志斌，2006b）。

七 印度

印度是世界上第二大发展中国家，特殊的地理位置决定其受自然灾害的影响十分突出。近年来，印度推行了新的防灾理念：只有将灾难减除因素考虑在内，发展才会产生可持续性；灾难减除必须是一个多学科的过程，它贯穿于发展的所有部门；灾难减除要比灾难救助和灾后恢复具有更好的成本效益（张庆阳，2008）。2009 年，印度制定了灾害管理国家政策，明确将灾害管理理念从"灾后救助"为中心转向"灾前预防"。新的政策要对灾难减除、灾难预防和灾前准备等危机管理的所有方面都给予优先考虑。

《灾害管理法 2005》是印度国家层面进行综合灾害管理的基本法，印度政府十分重视气象灾害防御工作，把减灾和防灾作为其发展战略的基本组成部分列入了各级政府的发展规划。

八 泰国

近年来，泰国的防灾理念已有所改变。在 2002 年 10 月 1 日改革前，泰国采取的是民防概念，也就是对灾害控制做好准备（readiness）和反应（response）（被称为"2R"）。政府体制改革后，灾害控制的概念转变为"3E"和"4R"的结合（Tingsanchali，2005）。"3E"代表工程（engineering）、教育（education）和实施（enforcement），"4R"代表减少（reduction）、做好准备（readiness）、反应（response）与恢复（recovery）。

《1979 年民防法》是泰国灾害管理基本法，2007 年对其进行了修订，出台《防灾减灾法 2007》。尽管泰国政府的防灾理念有了改变，但法制建设仍无法跟上，目前仍缺乏针对气象灾害类别的特别防御法律法规。近几年来，相关学者强烈呼吁防灾配套法律法规尽快出台，以提高民防委员会执行这些防灾法令的效率。

第三节　管理模式及机构设置

从国家的防灾机构设置和基本职责来看，许多国家从中央到地方，都有一个专司减灾的机构，尤其是中央一级机构由政府首脑担任领导，政府中各相关业务职能部门也参与灾害应急管理，这种体制确保了应急决策的效率和重要资源的快速调配，也反映出这些国家对防灾减灾的重视程度。灾害管理模式则与国家体制密切相关，大多数联邦国家采取以属地为主的区域管理模式，实行国家—州—县（市）三级管理，有的国家（如日本、俄罗斯）则采取一元化的垂直管理模式，详见表 1-3。

表 1-3　全球典型国家和地区灾害防御常设机构及管理模式

国家和地区	国家级	州（省、邦）一级	县（市）一级	管理模式
美国	联邦紧急事务管理署	紧急服务办公室	紧急营救中心	属地原则 三级管理
日本	中央防灾会议 日本气象厅	都道府县防灾会议	市町村防灾会议	一元化 三级管理
英国	内阁紧急应变小组 国民紧急事务委员会 国民紧急事务秘书处 英国气象局	突发事件计划官		属地原则 两级管理
澳大利亚	应急管理署 国家应急管理委员会 国家应急管理协调中心	州灾害协调中心 州灾害应急管理委员会	地方政府灾害协调中心 地方政府应急管理委员会	各州负责 三级管理
中国香港	行政长官保安事务委员会 保安控制委员会 政府救援工作委员会			行政长官负责 三级管理
俄罗斯	紧急状态部	紧急状态总局	紧急状态局	五级逐级 垂直管理
印度	国家灾害管理局	地区灾害管理局	县灾害管理委员会	三级管理 邦负责
泰国	国家国防委员会 防灾减灾部 全国民防委员会	省民防委员会	县（市）民防委员会	三级管理

一 美国

美国的自然灾害应急管理由国土安全部（美国第二大机构）负责（李晶，2008），采用"属地原则"的区域管理模式，实行国家—州—县（市）三级管理。

国家一级：由国土安全部下属的联邦紧急事务管理署（Federal Emergency Management Agency，FEMA）负责全面协调灾害应急管理工作。联邦政府的国家海洋与大气管理局（National Oceanic and Atmospheric Administration，NOAA）承担着气象与海洋灾害应急管理等方面的管理职能。FEMA 可直接向总统报告，下设减灾、整备训练与演习、应急与复原、作业支持及信息技术服务 5 个司级组织，以及联邦保险、美国消防署 2 个局。在全国设立了 10 个应急管理分局。FEMA 设置署长、副署长各一名，署长、副署长、分区署长、5 位司长及地区分处长均由总统任命，并需要得到参议员的通过才能就任。防灾机构主要负责制定灾害应急管理方面（包括备灾、防灾、救灾与复原）的政策和法律，组织协调重大灾害的应急救援，提供资金和科学技术方面的信息支持，组织开展应急管理的专业培训，协调外国政府和国际救援机构的援助活动等。

　　州一级：美国各州根据该州的紧急管理法案成立州的防灾机构，具体由紧急服务办公室负责灾害协调管理事务。一般主管为主任，由州长提名经州参议院同意后任命，一般任期为两年，主任不得兼任其他授薪公职。紧急服务办公室负责监督和指导地方应急机构开展工作，组织动员国民警卫队开展应急行动，重大灾害及时向联邦政府提出援助申请。

　　县（市）一级：每个县或市原则上单独设立应急管理局，具体由紧急营救中心负责灾害协调管理事务。县（市）法官为县（市）的防灾指挥官，可指定专家为紧急协调者负责并拟定紧急管理计划送交州应急管理处审核批准。紧急营救中心承担灾害应急一线职责，具体组织灾害应急工作。主要做好预警、紧急新闻信息的发布、教育辖区内的民众在灾害发生时应如何应急反应，使民众做好准备工作，进而降低灾害损失。

二 日本

　　日本的自然灾害应急管理由首相府负责，采用一元化的垂直管理模式，实行中央—都（道、府、县）—市（町、村）三级管理。

　　中央一级：在首相府成立"中央防灾会议"，首相担任主席，内阁秘书长、各防灾关系省国务大臣、专家学者担任委员，委员由首相任命。该会议的主要任务如下：①制订和推行防灾基本计划；②制订和推行紧急灾害应急措施计划；③对首相提出的重要防灾事项进行审议；④其他依法律所定的事项。中央防灾会议设置专门委员，负责专门事项调查，并设立事务局，处理相关事务。中央防灾会议要求防灾相关机关（构）的首长提出资料、陈述意见及进行其他的必要协助，管理相关事务，并对地方防灾会议发布通告和指示。此外，中央政府的日本气象厅承担气象灾害、地震等自然灾害管理工作。

　　都一级：各都（道、府、县）设立"都道府县防灾会议"，由都（道、府、县）知事担任主席，中央派驻地方机关、教育委员会、警察本部长、指定公共机关、指定公共事业分支机构、指定地方公共事业或地方团体的首长或负责人指派代表担任委员，会议每年召开一次。主要防灾任务：①制订及推行都道府县地域防灾计划；②灾害发生时收集有关灾情资料；③灾害发生时与相关机关协同采取灾害应急措施，并从事灾害善后处理；④制订都道府县紧急灾害应急措施计划。

　　市（町、村）一级：设置"市町村防灾会议"，制订各市町村防灾计划，并推动实施。各市町村之间也得制定规约，协议设置共同的市町村防灾会议，都、道、府、县相互间，市、町、村相互间也要协商防灾计划是否全部适用或局部适用。

灾害对策本部：都道府县及市町村所辖全部或部分地区，当有灾害发生时，如认为有必要采取灾害预防措施或灾害应急对策，地方行政首长应咨询防灾会报的意见，成立"灾害对策本部"（游志斌，2006a），就灾害制定迅速且适当的应急措施，指示所属单位作必要的处置。灾害对策本部的任务有：综合调整所辖区域内各级防灾机关团体、公共事业防灾应急对策；实施地域防灾计划所定的灾害预防、应急、善后措施；完成其他依法律或防灾计划所定的事项。

三 英国

英国的自然灾害应急管理由内阁府负责（赵菊，2006）。采用"属地原则"的区域管理模式，实行中央—地方两级管理。

中央一级：设立临时机构、政策机构、执行机构和专业机构。内阁紧急应变小组是政府灾害管理最高临时机构，面临非常重大的灾害时才启动。国民紧急事务委员会为政策机构，由各部大臣和其他官员组成，负责全国防灾减灾政策、面上灾害的对策的制定，指挥和督导全局防灾减灾，并向内阁紧急应变小组提供咨询意见。国民紧急事务秘书处为执行机构，负责灾害应急的具体事务管理。下设"三部一院"，即评估部、行动部、政策部和紧急事务规划学院。其中，评估部负责全面评估可能和已经发生的危害的严重程度、规模和影响范围，发布信息；行动部负责制订和审议应急计划，确保中央政府做好充分准备以有效应对各类突发公共事件；政策部参与制定应急管理政策，并与政府各部门协商起草应急规划、计划和全国性标准。此外，政府各部门负责所属范围内的应急管理，英国气象局是气象灾害管理的专业机构，建立专门的气象灾害预警和防范系统，为公众和政府及时、准确地提供预警和提供防灾、减灾服务。

地方一级：伦敦市及各个区域性管理当局，都市及行政区政府，以及郡、县政府也设立专门的"突发事件计划官"，主要负责制订本辖区的突发事件应急计划，联络辖区内应急系统的各个相关部门，统筹、协调有关事务，负责与涉及的部门签订援助、协作协议，在突发事件处置后的恢复阶段起领导作用。

四 澳大利亚

澳大利亚的自然灾害应急管理由司法部负责，采用"属地原则"的区域管理模式。实行国家—州—地方三级管理。澳大利亚的法律规定，各州负责具体的应急事务处理工作，联邦政府任何部门都不可擅自越过州级政府直接采取减灾援助行动。各州政府在遭遇到力所不及的重大灾害时，可向联邦政府提出援助申请，申请经由联邦司法部长批准后，由国家紧急事务管理中心具体执行援助行动（冯金社，2006）。

国家一级：设立政策机构、管理机构和协调机构。国家应急管理委员会（National Emergency Management Committee，NEMC）是国家应急管理政策机构，主席为澳大利亚应急管理署（Emergency Management Australia，EMA）的最高指挥官，每个州的州应急管理委员会的主席和执行官任其成员。该委员会每年召开会议，在灾害发生时期，会议召开次数将更加频繁，为协调和促进联邦和州在应急管理制度和程序上的利益提出建议和方向。应急管理署是执行机构，由联邦政府内阁成员的司法部长担任首席指挥。下设计划与行动组、管理组和教育与培训组三个组。主要负责制订法律以外的灾害应对计划，负责制定全国的减灾预案及处理相关事务，与各州政府沟通，帮助他们处理各自辖区内的减灾工作。此外，应急管理署还代表澳大利亚联邦政府，在环太平洋地区开展救灾方面的对外交往工作。国家应急管理协调中心为协调机构，为联邦应急事务日常处理的机构，负责协调应急管理署的行动和任务。澳大利亚气象局是国家气象灾害的管辖机构，主要提供天气、水文、气候和咨询的服务，并在监视到的潜在的自然危险下发布预警与建议。

州一级：各州通过自己独立的立法权力来建立适合本州的灾害应急管理的组织体系，实施管理的职责。一般来说，州的法规明确指定灾害管理组织的结构。各州的灾害管理组织机构和职责权限的划分有一些差异，但其首长一般是本地区警察部门的首脑；各州都设有一个灾害应急管理委员会，相当于州政府开展减灾工作的咨询机构，主要负责向州政府提出减灾方面的专业建议。

地方一级：各州的地方层级灾害管理组织也有所不同。一般来说，每一个地方政府都要建立一个地方应急管理委员会，负责编制所辖范围内的灾害预防、备灾、响应和恢复的灾害规划。有的地方级政府为了节省资金，往往由 2 个甚至更多个地方政府联合建立一个委员会，统筹跨地域的减灾工作。

五 中国香港

香港的自然灾害管理由特区政府保安局负责，采取分级管理模式，根据灾害的严重程度分三级管理（李永清，2008）。其组织架构是以行政长官为核心，由政务司和财政司对灾害管理的各个部门实行统一组织协调，各部门根据具体情况予以负责，分工协作、相互协调地应对灾害。

灾害管理机构主要由决策机构、执行机构、咨询机构、协调机构和信息机构 5 类构成。以行政长官为首的行政长官保安事务委员会是最高决策机构，当严重影响或有可能影响香港安全的事件发生时，行政长官保安事务委员会召开会议进行决策，并指示有关部门执行政府保安政策。执行机构包括警总中心和消防通信中心等。保安控制委员会为咨询机构,由保安局和警方代表组成,负责向行政长官保安事务委员会提供意见,起智囊团的作用。协调机构为政府救援工作委员会,负责协调政府内相关事务,策划推行行政长官保安事务委员会所定的保安政策,同时在各部门、公用事业和保安事务委员会之间发挥桥梁作用。信息机构即联合新闻中心,由新闻处管理,其利用计算机及传媒与政府部门保持联系,成为通信中枢,负责发布重要消息。香港天文台是负责气象灾害管理的专业机构。

六 俄罗斯

俄罗斯的自然灾害管理由五大部之一的紧急状态部负责(游志斌,2006b)。实行联邦—区域—联邦主体(州、直辖市、共和国、边疆区等)—城市—基层村镇五个层级的垂直管理体制。

俄罗斯的情况比较特别。20 世纪 90 年代以来,因苏联解体,国内社会制度发生剧变,俄罗斯经历了长期的、急剧的政治动荡、经济金融危机、民族冲突和内战,遭受了切尔诺贝利核电站事故所造成的灾难,以及北约东扩所带来的巨大外部压力。1994 年,俄罗斯建立了直接对总统负责的"民防、紧急状态和消除自然灾害后果部"(简称为紧急状态部),主要负责自然灾害、技术性突发事件和灾难类突发公共事件的预防和救援工作(何贻纶,2004)。紧急状态部是俄应对突发公共事件的中枢机构,内务部、国防部或内卫部队协助紧急状态部处置突发事件。紧急状态部直辖 40 万人的应急救援部队及装备。该部队作为独立警种,按部队建制,统一制服,统一警衔。在纵向上,俄联邦、联邦主体(州、直辖市、共和国、边疆区等)、城市和基层村镇四级政府设置了垂直领导的紧急状态机构。同时,为强化应急管理机构的权威性和中央的统一领导,在俄联邦和联邦主体之间设立了 6 个区域中心,每个区域中心管理下属的联邦主体紧急状态局,全俄形成了五级应急管理机构逐级负责的垂直管理模式。联邦、区域、联邦主体和城市紧急状态机构(部、中心、总局、局)下设指挥中心、救援队、信息中心、培训基地等管理和技术支撑机构,保证了紧急状态部有能力发挥中枢协调作用。紧急状态部成立以来,虽然俄政坛几经变化,但紧急状态部的职能和地位不但没有被削弱,反而不断得到加强,在处理国内外各类复杂公共事件和应对自然灾害中发挥了重要作用。

七 印度

印度的自然灾害管理由国家灾害管理局负责。实行国家—邦—县三级灾害管理组织体制。

国家一级：国家灾害管理局是负责灾害管理的最高机构，由印度总理担任主席，副主席的地位与内阁部长相当，委员会有 8 个成员。每个成员都有明确的灾害负责部门和法定防灾职能，并装备精干的专业防灾救灾机构，如根据《灾害管理法 2005》成立的国家灾害响应部队。国家灾害响应部队设有秘书处，由秘书长负责，协助处理国家灾害管理局的日常工作，使国家灾害管理局正常运转，应对自然灾害以农业部为主，其他各部密切配合。

邦一级：备灾工作一般由赈灾和安置部或财政部负责，各邦政府成立灾害管理委员会负责灾害管理。委员由所有有关部门机构的领导人组成。邦灾害管理委员会的职责主要包括 4 个方面：①日常防灾减灾；②灾前准备和防灾工程建设；③灾害应急及救助；④行政管理及财政支持。

县一级：县一级也建立相应的灾害管理委员会，县财税局局长负责，由县政府中有关部门的领导人组成。同时，从各地区到乡镇、农村也设立相应层级的灾害管理委员会或灾害管理队伍。其委员负责相关部门（领域）的灾害管理并将其纳入各层级的发展规划。

八　泰国

泰国设立防灾减灾部，承担灾害管理的具体事务。实行国家—省—县（市）三级管理。

国家一级：根据《防灾减灾法 2007》的规定，灾害管理部门设战略机构和职能机构。国防委员会是泰国的战略机构，由国防部、气象局等有关部门的 17 名代表组成。防灾减灾部是在合并加快农村发展部、社会福利部、民防局及国家安全委员会的基础上组建的，负责制定民防的政策措施，参与本国的灾害管理，并制定与防灾和减灾有关的总体规划与措施，负责鼓励人们采取行动防灾、减灾与进行灾后重建。防灾减灾部作为防灾、减灾与灾后重建规划的一个协调中心，与其他有关机构协同工作。全国民防委员会是灾害管理的职能机构，隶属于国家内务部，负责处置频发的严重灾害，主要职责为制定民防总规划，对上述规划的执行进行评价，开展年度培训，制定防灾基金管理办法等。

省一级：设立省民防委员会，在省长领导下负责应对各种灾害。

县（市）一级：设立县（市）民防委员会，负责应对县（城市区域）内的各种灾害。

第四节　防灾规划与资金保障

进入 21 世纪后，各国政府深刻认识到：如果预防工作做得妥当，可达到"防患于未然"，这样不仅可以消除或减少灾难出现的机会，更可因此而减少经济损失及其他损失。在灾害风险管理的预防、准备、反应和恢复 4 个关键阶段中，灾害防御和准备工作所受的重视程度日益增大。灾害的预防和准备包括防御规划、应急训练、备灾资源准备和储备等。它是指政府提前设想危机可能爆发的方式、规模，并准备好多套针对性的应急计划，以确定在危机出现时能根据实际情况选择有效的应对方案。政府制定的灾害管理预案必须将日常生活中所有可能会对组织活动或生活造成潜在威胁的事件详尽地列举出来，并加以分类，估计其可能引起爆发的方式、规模和造成的危害后果，设计出相应的应急预案。一旦危机发生，就可以根据实际情况快速选择策略。这样可以使政府灾害管理成为一种制度选择，以避免其盲目性和随意性。表 1-4 列出了全球典型国家和地区的灾害防御计划和防灾经费的投入情况。

表 1-4　全球典型国家和地区灾害防御计划和防灾经费投入

国家和地区	防御计划	防灾投入及法律保障
美国	《国家紧急响应计划》 《全国洪水保险计划》 《社区应急准备计划》 《地震与台风应急计划》	防灾投入额多于同期灾害损失额； 防灾资金由《减灾拨款计划》《国家安全部拨款法案》等专门的法律法规保障
日本	《防灾基本计划》 《防灾业务计划》 《都道府县防灾计划》 《市町村防灾计划》	防灾减灾预算约占国民收入的 6%； 防灾资金由《灾害救助法》相关条款保障
英国	《国内突发事件应急计划》 《洪水预警和应急反应一体化服务计划》 《洪水区域管理计划》 《海岸管理计划》	防灾经费成倍增长； 防灾资金由《国内紧急状态法案》相关条款保障
澳大利亚	《紧急响应计划》 《自然灾害减灾计划》 州（市）抗灾计划 《区域防洪计划》	地方政府及私营机构捐赠者承担的防灾投入比例较高； 防灾资金由《自然灾害复原计划》相关条款保障
中国香港	《自然灾害突发事件应急计划》 《天气应变计划》	防灾培训的资金投入比例较高； 防灾资金由《拨款条例草案》相关条款保障
俄罗斯	《俄联邦降低自然和人为灾害事故风险和后果的中期计划》	用于发展预防和消除紧急情况的统一国家体系的经费预算近年来大大增加； 设立专门机构保障资金投入

续表

国　别	防御计划	防灾投入及法律保障
印度	《自然灾害管理计划》 《全国应急行动计划》 《洪水风险管理计划》 《水土保持计划》	以资助救灾与灾后重建为主向灾前防御转变； 设立灾害救济基金和灾害应急基金进行防灾资金保障
泰国	《国家民防计划》 《防灾减灾计划》	近年用于防灾减灾的资金逐年增加； 国家级防灾基金由防灾减灾部拨款

一　美国

美国协助有关机构制订自然灾害管理计划和开展减灾活动的联邦政策很多。既有联邦政府制订的统率式的具有可操作性的《国家紧急响应计划》，又有各类专项计划，包括：由农舍管理局负责的《流域保护与防洪贷款计划》；由土壤保持局负责的《流域保护与防洪计划》；由联邦保险管理局负责的《全国洪水保险计划》；由联邦紧急事务管理署负责的《州防灾拨款计划》《地震与台风应急计划》《紧急管理服务计划》《国家基础设施保护计划》《社区应急准备计划》《风暴准备计划》等。美国的防灾规划有如下特点：①可评价性。规划的设计考虑了可评估准则，使规划水平及执行情况可进行定量评估和比较分析，有利于灾害防御工作的总结和改进。②以社区防灾能力建设为基础。规划强调以加强防灾能力建设为基础的备灾措施，重点实施"防灾型"社区建设的综合规划。

以《风暴准备计划》为例（黎健，2006b），该计划是由美国国家气象局（National Weather Service，NWS）专门制定的建立在全社会气象灾害预警应急响应体系基础上的系统性计划，它对提高全社会的气象灾害防御意识，提高全社会的气象灾害应急响应能力，促进全社会共同进行灾害防御有着明显的作用。其核心是由国家气象局会同紧急事件应急管理部门等组织的评估认证委员会，对社区是否具备风暴准备条件进行评估认证。评估内容主要包括5个方面：①社区是否建立了24小时警报接收点和应急中心；②是否建立了与国家气象部门的通信联系，以便利用多种手段接收灾害警报和相关信息；③在公共场所配备了必要的能自动报警的国家海洋与大气管理局天气广播接收机和警报装置；④是否建立了本地区的气象条件监测系统，包括通过网络获取当地的天气监测信息（雷达、卫星、地面、水文探测资料、当地观测站等）；⑤是否制定了灾害响应方案，并面向公众经常性地开展灾害应急、天气与安全等知识培训和演示。认证期限一般为3年。在认证失效前6个月，要根据最新的认证条件重新申请风暴准备认证，以确保风暴准备计划适应发展变化。到目前为止，美国47个州、929个社区已获得风暴准备计划认证。

美国政府历来重视防灾减灾资金的投入，为保障各级政府减灾行动所需的稳定资金来源，分别制定了《减灾拨款计划》《国家安全部拨款法案》，为划拨防灾减灾资金提供法律保障。在1994～1997年的4年间，美国平均每年的自然灾害经济损失达130亿美元，而同期仅联邦政府的减灾费用就有200多亿美元。联邦政府和州的有关拨款项目中把减灾作为优先考虑的内容，2013年美国赈灾基金预算达到600多亿美元[①]。

二 日本

根据《灾害对策基本法》的要求，中央防灾会议制定了《防灾基本计划》，提出统合性的防灾长期规划，并明确防灾业务计划及地域防灾计划的重点内容。都道府县防灾会议依据中央《防灾基本计划》，制订各都道府县防灾计划，市町村防灾会议据《都道府县防灾计划》再制订市町村防灾计划。此外，各公共事业或指定行政机关依《灾害对策基本法》制订各防救灾业务计划，以便整体防灾对策体系能够有计划地开展防灾活动（袁艺，2004a）。

《防灾基本计划》的内容包括：关于防救灾的综合与长期计划、有关防救灾的业务计划与地区防救灾计划应注意事项、中央防救灾会议认定的必要的防救灾事项。地区防救灾计划由都道府县及市町村分别依地区灾害的特性，制订有关灾害预防、灾害应急、灾后复原重建、灾情收集、物资分配、运输通信等计划，作为执行防救灾的依据。更可针对救灾时可动员的专家人数、机器数量、食品种类数量、避难场所地点、收容人数、饮用水数量等资料，将其详细纳入防救灾计划中，进而规划出缜密且有效率的内容。《防救灾业务计划》指定行政机关（如自治省、运输省）、公共事业机关（煤气、电信、电力等的机关），依据其所执掌业务，制定防救灾措施及地区防救灾计划标准（游志斌，2006a）。

日本的城市防灾规划在世界上居于领先地位。日本的防灾规划具有四大特点：①以灾害种类构成防灾规划体系，其中包括地震灾害、火灾、风水灾、火山灾害等。②防灾规划包括按照灾害发生顺序制定的规划体系，即灾害预测、灾前对策、灾害应急对策、灾后重建、灾后复兴等内容。③明确了国家和地方公共团体在灾害应对中的责任。④根据城市化、老龄化和信息化的发展特点，加强了城市防灾规划，并对灾害弱势群体的防灾和救济工作等作了详细规定。

日本有关防灾减灾的中央与地方的预算分摊都在《灾害救助法》中有详细说明，都（道、府、县）救助所需费用由都（道、府、县）支付。视其金额占都（道、府、县）普通税收预算的比例，部分由国库负担。各都（道、府、县）

---

① 资料来源：美国FEMA网站 http：//www.fema.gov/fiscal-year-2013-budget。

有义务预存基金。近年年均防灾减灾资金约为 110 亿美元，占 2010 年财政年度预算支出的 1% 左右。[①]

三　英国

英国的灾害防御规划突出完整和细致的特点。2001 年，英国政府出台了最新的《国内突发事件应急计划》，主要内容包括：在日常工作中，对可能引起突发事件的各种潜在因素进行风险评估；制定相应的预防措施；进行应急处理的规划、培训及演练。在突发事件出现后，快速作出反应进行处置，在应对过程中强调各相关部门之间的合作、协调和垂直部门的沟通。同时还包括突发事件处置结束后，要使社会及公众从心理上、生理上和政治的、经济的、文化的非常状态中迅速恢复到平常状态，并及时总结应急处理过程中的经验教训。

近年来，英国的洪涝灾害较为突出。英国通过设立洪水损失补偿基金、救灾基金、洪水保险，规范洪泛区的土地开发和利用，以及建立洪水预警系统等措施来加强防灾能力建设。英国环境、食品与农村事务部全权负责英国洪水灾害和因气候变暖引起的海岸侵蚀等气象灾害防灾减灾政策的制定，制订了《洪水预警和应急反应一体化服务计划》《洪水区域管理计划》《海岸管理计划》等防灾规划。英国设立国家洪水预警中心，负责拟定国家洪水预警系统的指导方针，这些方针只要稍加修改就可用于任何情况的洪水预警。

英国政府一直把灾害防御作为预算重点，以英国国际发展部为例，该部每年用于人道主义救助的资金达到 6.5 亿英镑，并承诺将 10% 的预算用于防灾减灾。同时，其还劝说捐赠者和国际合作组织增加防灾投入。2004 年，《国内紧急状态法案》执行后，英国财政部将民防拨款增加了 1 倍，即从 1900 万英镑提高到 3800 万英镑。

四　澳大利亚

澳大利亚防灾计划的制订体现了内容丰富、形式多样的特点。在联邦政府层面上，先后制定了《紧急响应计划》《自然灾害减灾计划》《区域防洪计划》，2007 年，澳大利亚政府将《区域防洪计划》纳入了《自然灾害减灾计划》进行管理。在州政府层面，各州根据本州特点制订各自的抗灾计划。《自然灾害减灾计划》是一项国家灾害防御规划，旨在优先识别、处理自然灾害风险，降低灾害损失，体现了防御重心从救灾向防灾的转变。除了这部国家灾害防御规划外，

---

① 资料来源：http://www.adrc.asia/countryreport/JPN/2012/CountryReport_Japan_eng_2012.pdf。

澳大利亚应急管理署投入了大量的精力进行灾害应急管理的研究，组织一批学者专家和有经验的灾害管理者编写了澳大利亚应急管理系列手册。早在 1989 年，就出版了一套应急技术参考手册。随后又不断地充实、修订扩展系列手册的内容。目前，应急管理署已编写发行 36 部技术手册和指南，正在编写 8 部技术手册和指南，计划编写新的手册 2 部。应急管理署的应急手册分为 5 个系列。第一个系列是基本原理，内容涉及灾害应急管理的概念、原则、安排、词汇和术语；第二个系列是应急管理方法，内容涉及灾害风险管理、减灾规划和应急方案的实施；第三个系列是应急管理实践，内容涉及灾害救助、灾害恢复、灾害医疗和心理服务、社区应急规划、社区服务、社区开发等；第四个系列是应急服务的技术，内容涉及应急组织领导、操作管理、搜寻、营救、通信、地图等；第五个系列为培训管理。

近年来，澳大利亚政府在对自然灾害管理的资金分配上进行了调整。联邦政府约承担防灾救灾资金的 1/3，地方及领地政府贡献的防御资金略高于 1/3，其余部分由地方机构和私营机构捐赠者承担。联邦政府也在逐渐加大对灾害防御的投入，在《自然灾害复原计划》中，预算从 2009～2010 年度开始的 4 年内，联邦政府用于灾害防御工程及灾害管理，以及支持防灾志愿者的资金达到 1.1 亿美元。

五 中国香港

香港政府应对气象灾害的防御规划详尽规范，可操作性强。灾害防御计划从宏观到微观、多角度地对政府从防范到应急危机管理作出了规范。一旦危机发生，政府可以马上找到相应的法定解决途径，从而保证防灾工作有条不紊、及时有效地展开。目前，香港政府通过实施《自然灾害突发事件应急计划》和《天气应变计划》，成功地降低了气象灾害造成的经济损失和人员伤亡（魏丽等，2004）。

除了实施《自然灾害突发事件应急计划》外，香港政府从立法的角度设立了两套应急计划，详列了相关政策、原则及行动安排，作为防灾减灾的指导，并在训练中不断地修改、完善。一套是普通计划，包括《天气应变计划》在内的 6 个分计划，用于明确规定不同的政府部门和机构在各种不同的灾难情况下所承担的责任。另一套是机密计划，根据这些计划，各个公共部门和企业也分别制订自己的应急预案。例如，地铁公司制订了香港地铁车站突发事件的应急预案，对紧急疏散、非紧急疏散、设备故障和事故与人群管理四种情况作了详细说明。

香港特区政府对防灾应急的财政支持力度较大，特别注重为从事防灾减灾社会工作的义工和志愿者的教育培训经费提供财政支持，每年仅向民安队就提供 7000 万港元的经费，用于民安队的行政、救灾，以及成人队、少年团的训练开支。

六 俄罗斯

相比之下，俄罗斯前期的灾害管理重心在于应急响应及灾后恢复建设，灾前的防御规划及投入较少。在灾前的预防阶段，注重防灾工程设施的建设，非工程措施建设相对薄弱。1996～1999 年，政府用于减灾（包括应急响应的专项资金）和用于灾后恢复和重建的经费比例基本持平。近年来，在有关专家的呼吁下，政府灾害管理政策逐渐开始重视灾前防御规划工作。不久前，俄罗斯通过了《俄联邦降低自然和人为灾害事故风险和后果的中期计划》，根据该计划，俄罗斯将建立国家危急情况管理中心，目的是形成统一的信息空间，完善俄全国危急情况预防和应对体系，在发生紧急状态时增强政府各部门间的协作，同时还可以使民众及时了解有关灾害和事故的信息。并将在俄紧急状态部的各个地区中心设立该中心的分支机构。俄罗斯联邦政府用于发展预防和消除紧急情况的统一国家体系的经费预算大大增加。21 世纪初，俄罗斯用于这些预防措施的经费预算已经逐渐超出政府用于应急救援的专项拨款金额。

七 印度

印度政府一直以来都非常重视灾害防御规划工作，《灾害管理法 2005》要求每个州都必须制订灾害管理准备计划，并将减灾计划纳入当地政府的发展规划。在国家层面，制订了《全国应急行动计划》和《自然灾害管理计划》，并定期进行修订。此外，从州、地区、县到社区（农村）都制订了相应层次的《灾害风险管理计划》。内政部针对洪灾多发的邦，制订了一个全国灾害风险管理计划，帮助这些邦制定县、区、乡镇和村各级灾害管理计划，让所有方面都知晓防洪和减灾措施。印度政府根据旱灾特点，制订《水土保持计划》，在新开垦的耕地上进行实施。针对严重的旱灾，还制订了《易旱区方案》《沙漠开发计划》《旱作区流域开发计划》。针对热带气旋灾害，印度政府制定了一个热带气旋减灾项目，该项目包括预警系统、沿海防护造林、红树林种植、气旋避难所及风暴潮模型、水保护研究等。

在防灾资金的分配上，印度财政预算将由资助救灾与灾后重建为主向灾前防御转变。目前，专门设立了灾害救济基金和灾害应急基金。救济基金主要用于干旱、热带气旋等自然灾害防御工程设施建设及人员救助。印度政府承担

75%的经费,其余部分由州政府支出。2000~2005 年,灾害救济基金达到 1100 亿卢布。当灾害救济基金不够用时,则可申请灾害应急基金。近年来,用于减灾的资金投入逐年增加。

八 泰国

泰国全国民防委员会秘书处负责制订《防灾减灾计划》。防灾计划分国家、省及曼谷市 3 个层次。国家防灾计划是防御包括自然灾害在内的灾害防御总规划,报送全国民防委员会审批,每隔 3 年修订一次。它是其他职能部门制订各部门自然灾害业务防御计划的指导文件。《国家民防计划》第 2 部分的第 11、14 和 17 节分别制订了洪水、热带气旋、泥石流、干旱和寒潮等气象灾害的防御规划。

泰国国家级的防灾资金由防灾减灾部拨款。近 10 年来,用于防灾减灾的资金逐年增加。2012 年防灾减灾部减灾资金预算由 2003 年的 10.7 亿泰铢增加到 39.2 亿泰铢①。

第五节 监测预警与响应流程

灾害管理的响应阶段是指危机出现以后,政府通过向危机受害者进行援助等各种反危机措施控制危机或降低危机损害的全过程。它包括许多环节,如预警、隔离、搜寻、灾难评估、紧急救助、基本设施的提供、沟通和信息管理、引导社会心理和建立危机安全保障等。

一 美国

美国联邦响应计划赋予 NOAA "通过 NOAA 天气广播系统、NOAA 天气电报业务和应急管理人员天气信息网络,在各种危险事件发生前和发生后向公众发布危机信息" 的职责 (黎健,2006a)。NWS 在灾害应急管理中主要承担气象灾害监测预警服务和相关社会管理工作。各种灾害性天气预警信息的制作发布服务,按照属地及责任区原则,由 NWS 的 121 个气象台负责。为加强灾害应急管理协调工作,美国 121 个气象台均设有 1 名专职气象灾害警报协调官,专门负责气象灾害警报应急工作。

---

① 资料来源:亚洲防灾中心网站 http://www.adrc.asia/countryreport/THA/2012/THA _ CR2012B.pdf.

　　为规范气象灾害应急工作，NWS 制订了包括监测和预警、信息传递、分发服务、应急响应 4 个方面的综合警报系统流程和要求。气象灾害应急主要分为 7 个步骤：①收集灾害及相关信息；②将信息传递至预报中心；③制作各种灾害预报；④发布灾害警报；⑤灾害警报传递到可能发生的地区；⑥迅速将警报信息传递至可能受到影响的公众；⑦紧急响应（防范、撤离等）。

　　美国气象灾害警报发布传输服务，一部分是由电视、广播、网络等公众媒体迅速传播的，一部分是由国家气象系统建立的专门分发服务系统来完成的。目前，用于天气预警的分发服务系统有：NOAA 天气警报广播系统、NOAA 天气有线服务系统、家庭气象服务系统、应急管理气象信息网络服务系统。

　　灾害应急流程：一旦发生自然灾害，地方政府（市、县）首先进行自救，救灾流程为先在受灾 FEMA 分区灾害营救中心内，成立应急队先遣小组，视灾害的扩大情况在联邦协调官的指挥下，统合各项联邦应急支持功能，设置灾害现场办公室，成立应急响应队。能力不足时请求州政府支援，州政府调动州内资源提供援助。当州政府的能力也不够时，州长可请求总统宣布重大灾害或紧急状态，以获得联邦援助，总统依据《斯坦福法》宣布重大灾害或紧急状态，并指定联邦协调官（FEMA 执行长官）；联邦协调官与州协调官联合成立灾害现场办公室，在应急响应小组的协助下，实施联邦应急支持功能，联邦应急协调中心先成立应急支持队负责调动和提供联邦救灾资源，当灾害扩大时，再成立重大灾害应急组处理所有联邦应急事宜。应急行动所需的费用一般由各部门或机构从各自的财政中支出，事后再通过 FEMA 实报实销。特殊情况下，FEMA 可先行拨款，最后由 FEMA 通过白宫预算办公室向国会申请追加预算。政府支持主要有两个方面：一是约 70% 的资金用于公共项目支援，如对河道、公路、铁路、医院等公共设施的恢复、重建；二是约 30% 的资金用于灾民家庭和个人支援，如提供食品、毛毯、衣服、洁净饮用水、避险转移、住房重建等。

二　日本

　　日本在自然灾害预警系统建设方面无疑走在了国际的前列。日本国土交通省及其下辖的日本气象厅是主要的灾害信息管理部门，包括灾害信息预报（灾害预测）和灾害发生时灾害信息的收集发布管理。日本气象厅等部门还设有覆盖日本全国的雷达雨量观测网，向社会公布洪水防灾图，发布洪水预报、警报，帮助政府和民众防灾、减灾（姚国章，2007）。当判定大雨或者暴风雨会造成损害时，日本气象厅会发布"通报"；而"警报"会在可能产生巨大的损失时发布，一共有 7 种类型的恶劣天气警报和 16 种类型的天气通报。国土交通省设有防灾信息中心，专门管理灾害信息，向社会发布各类灾害信息。其发布的信息种类繁多,包括气象灾害信息(暴雨洪水、台风、干旱、暴雪等)、地震信息、火山信息、地质灾害信息、海洋信息等,以及与道路、港湾等相关的各类灾害信息。

日本的灾害信息预警系统有以下五大特点:①可预测性。日本的自然灾害信息传播系统十分强调预警能力,所以其可预测性十分突出。事先有预警信息的灾难在爆发期,信息传播流程相对简单,信息传播效率较高,从而大大降低了灾难所带来的损失。②制度化。日本自然灾害信息传播体系的传播行为都是依据政府所制定的制度来进行的,制度的明确可以帮助一个系统在紧急情况下迅速找到正确的行动方向,从而提高了办事效率。③常设性。日本政府有常设的灾害信息搜集机构,也就是各种灾害信息的监测部门。④统一性。日本的灾害信息传播体系是在政府的统一管理之下的。灾难发生的过程中,由首相担任主席的防灾委员会对灾害信息体系统一指挥。⑤连续性。日本灾害信息传播系统的每一个环节都是紧密相连、不可分割的。它们在灾难的任何阶段都各司其职,严格按照制度和命令行动,一环接着一环,从而保障了信息传播渠道的畅通。

灾害应急流程:日本政府传统灾害处置决策运作过程采用中央—都(道、府、县)—市(町、村)三级制,每当气象灾害发生时,由相关部门收集灾情资料,向首相官邸指定行政机关传达。由内阁总理大臣征询中央防灾会议的意见,并经内阁会议通过后,内阁设置"非常灾害对策本部"进行统筹调度,另外,在灾区设立"非常灾害现场对策本部"以便就近管理指挥;都(道、府、县)与市(町、村)层级也设置"灾害对策本部",方便其在各自所管辖的区域内执行其防灾救灾任务。

有的日本专家认为自身中央集权形态的救灾体系不如美国,呆板地执行中央至地方三级体制的响应方式,致使回报的信息未能在紧急应急时成为正确决策的参考,反而成为救灾的阻碍。由于在面临重大灾害时,内阁必须首先征询中央防灾会议的意见,再召开内阁会议决议,延误救灾的"黄金时间",这一问题现已引起日本行政当局的高度重视。另外,日本灾害管理逐渐形成各救援机构的联动机制,如广域救灾体系在地方基本普及,以及消防、警察、自卫队间的联动机制等。

三 英国

英国政府在应急指导原则中指出,各机构平时就应做好相应准备,在危机发生时及时设立专门部门,委任新闻官,专门处理媒体事务。此外,政府还与全国第一大传媒——英国广播公司合作,发起"危机中保持联络"的行动,向公众提供及时准确的信息。进入 21 世纪以来，英国应对全球气候变暖、各种疫情等灾害，逐渐建立起以内阁、气象、交通、环境和紧急救援部门为基础的灾害预警和防范系统，为市民提供全面、完整的防灾服务。

英国气象局将"全国恶劣天气预警服务"作为为市民和政府机构服务的一个重点。如果英国境内出现大风、暴雨、暴雪、大风雪和持续降雨、浓雾、大面积冰霜等天气情况，英国气象局都会启动预警机制。在恶劣天气预计出现前，该系统在短时间内，分阶段地通过因特网、电台和电视台向英国 13 个区域提供极端天气信息。其中分为早期预警、提前预警、快速预警、天气观测和汽车预警 5 种类型。

全国恶劣天气预警服务一般通过三种渠道传达：第一，通过广播媒体通知民众；第二，通过民用紧急服务系统；第三，如果情况极其严重，需要军队参加救援活动，该系统还将通知国防部，以便做好应急准备。英国高速公路局和铁路网还从气象部门得到"洪水热点地区图"，以预测洪水发生地点，并提供及时的维护和应急措施。

在英国发生突发公共事件后，一般由所在的地方政府负责处置，直接参与处置的是警察、消防、医护等管理部门，其他地方政府部门及非政府组织予以协助和支持。根据突发公共事件的严重程度和性质，英国采取分级应急处置模式。地方政府负责处置的主要是一般性的（如交通事故）和影响当地但未波及全国的（如区域性停电）两类突发公共事件。中央政府应对的紧急情况分为三级：一是超出地方处置范围和能力但不需要跨部门协调的重大突发公共事件，由相关中央部门作为"领导政府部门"负责处理；二是产生大范围影响并需要中央协调处置的突发公共事件，启动内阁紧急应变小组，协调军队、情报机构、国民紧急事务秘书处和相关部门进行处置；三是产生大范围蔓延性、灾难性的突发公共事件，启动内阁紧急应变小组，由中央政府主导危机决策，决定全国范围内的应对措施。其中，在前两种情况下，中央政府部门和内阁紧急应变小组一般不取代地方政府的职责，而是负责在中央层面协调相关部门的行动，保证中央与地方联系畅通，掌握地方政府处置工作情况并提供指导意见。

英国灾害应急流程采取独特的"金、银、铜"应急处置机制。该机制既是一种应急处置运行模式，又是一个应急处置工作系统。一方面，根据事件的性质和大小，规定形成不同的"金、银、铜"组织结构；另一方面，确定应急处置"金、银、铜"三个层级，各层级组成人员和职责分工各不相同，通过逐级下达命令的方式共同构成一个应急处置工作系统。金层级主要解决"做什么"的问题，由应急处置相关政府部门（必要时包括军方）的代表组成，无常设机构，但明确专人、定期更换，以召开会议的形式运作。该层级负责从战略层面对突发公共事件进行总体控制，制定目标和制订行动计划下达给银层级。银层级主要解决"如何做"的问题，由事发地相关部门的负责人组成，同样是指定专人、定期更换，可直接管控所属应急资源和人员。该层级负责战术层面的应急管理，根据金层级下达的目标和计划，对任务进行分配，很简捷地向铜层级下达执行命令，并可根据不同阶段的处置任务及其不同的特点，任命相关部门人员分阶段牵头负责。铜层级负责具体实施应急处置任务，由在现场指挥处置的人员组成，直接管理应急资源的运用。该层级执行银层级下达的命令，决定正确的处置和救援方式，从近 6 年来的运行情况看，该机制取得了一定成效。

四 澳大利亚

澳大利亚气象局是国家气象的管辖机构，主要是提供天气、水文、气候的咨询服务，并在监测到潜在的自然危险时发布预警与建议。这些潜在的自然危险包括飓风、风暴、大风、洪水、干旱和海啸。本世纪以来，澳大利亚十分重视灾害预警信息发布体系建设。1999 年，澳大利亚主要灾害应急管理部门达成协议，应用标准应急预警信号（Standard Emergency Warning Signal，SEWS），协助向公众发布重大紧急事件警报和信息。SEWS 是一种独特的音频信号，用在大众媒体上播放，从而引起听众对即将出现的紧急警报的注意。2009 年，澳大利亚政府推进预警信息系统建设，预算 2630 万美元建设基于电话的预警系统，预算 3320 万美元建立灾害位置预警系统。①

灾害应急流程：灾害发生时，地方政府负责灾害应急的具体组织和实施。各州政府在遭遇到力所不及的重大灾害时，可向联邦政府提出援助申请，申请经由联邦司法部长批准后，由国家紧急事务管理中心具体执行援助行动。为使灾害应急管理规范化，国家还颁布了澳大利亚风险管理标准，按风险管理标准来界定和组织实施灾害管理。另外，澳大利亚有众多社会中介机构及志愿者参与减灾工作。

五 中国香港

香港政府自然灾害突发事件应急计划概括了香港政府防御天气灾害警报系统和组织框架等内容，规定了警报系统的触发机制和防御热带气旋、暴雨、洪水、山体滑坡和雷暴等灾害天气警报中各职能机构的责任。计划中涉及执行紧急响应任务的 20 多个办公室、处室和机构。香港天文台是自然灾害突发事件应急计划中一个重要的参与者，它负责发布天气警报，同时通过一个可靠的网络

---

① 资料来源：http://www.em.gov.au/Emergency-Warnings。

向媒体和政府提供防范建议。天气信息由信息服务局按照计划中的要求分发给其他政府部门。香港天文台主动与政府紧急监测支持中心及其他相关部门保持沟通，确保它们在灾害天气来临前向公众提供有效的防御措施和建议。为保障畅通、有效地传输信息，自然灾害突发事件应急计划明确地阐述了各部门在援助、恢复和灾后重建各阶段的职责和相互关系。紧急监测支持中心负责协调香港天文台、信息服务局等相关局和其他相关部门协同工作。

　　灾害应急流程：香港的紧急应变系统为三级制，根据不同的危机类别，启动不同的应急管理程序（陈雪芬，2008）。第一级应变措施，又称"紧急服务"。提供服务的主要是保安局下的警务处和消防处。两个处均设有自己的指挥控制中心，昼夜有人值班，随时接听市民拨打的"999"紧急求助电话，并根据情况采取适当行动。当事态威胁到市民的生命财产及公众安全，需要报告政府总部以调动更多资源投入救援行动的时候，便是第二级应变措施实施的开始。警务处或消防处按规定需要把事故知会政府总部，便需通知保安局值班主任，隶属保安局的政府总部紧急事故支持组（急援组）会密切监察事态发展，负责协调保安局值班主任的工作。当突发意外明显向着对市民生命财产及公众安全构成重大威胁的方向发展，并超越救援部门在一般运作情况下所能应付的水平时，便会采取第三级应变措施。政府总部的紧急事故监察及支持中心（简称紧急监援中心）接到保安局局长或指定的保安局高级人员的指示后，便会采取行动。

六　俄罗斯

　　俄罗斯将提高信息采集、研判、预测预报、快速传报能力作为工作的关键，加强对灾难性事故或事件的风险分析和管理，并建立和完善了统一的指挥平台及相关的信息报送、资源共享机制，以及政府公众良性互动机制。通过此平台，各级、各类应急机构可以实时掌握全国相关突发事件情况。俄罗斯信息报告工作的主要做法有：一是拓展信息来源渠道，在社区、企业、农村等基层单位建立监测点和信息员制度；二是重视应急管理应用软件系统的开发，特别是预测预警系统的开发；三是完善面向公众的信息发布机制，积极引导新闻报道，避免引起社会恐慌。俄罗斯紧急状态部下设危机控制中心，负责整理、分析每天来自各地区、各部门的信息，提出处理建议，视情况上报总统，并分送有关部门和地方。危机控制中心内设信息中心，建立了信息自动收集分析系统、指挥系统和全天候值班系统，2分钟内可以将有关情况传至其他相关部门（吕超，2009）。当重大事件发生时，有关部门负责人到达信息中心，进行统一的协调和指挥。目前，俄紧急状态部设置了统一的报警电话，以进一步加强应急管理的综合性和统一性。

灾害应急流程：灾害发生时，各地区的救援分布组织首先行动，开展救援工作，然后把灾情通报到国家紧急状态部，国家紧急状态部内阁单位协商决策后，通过发布命令等方式指挥派遣各级救援队伍协助救灾。发生紧急状况时，启动俄罗斯联邦紧急状态系统，各跨部门委员会的组织系统应各就其位，启动民防救援系统，设立危机管理中心，俄罗斯航空部门配合处置重大紧急灾害。

七 印度

印度气象局负责气象灾害的预警工作。主要是做好飓风、洪涝和干旱的预报预警，并且印度气象局负责对飓风的跟踪并将有关警报及时送达有关用户机构。印度通过 INSAT 卫星和 10 个飓风探测雷达站进行飓风探测。气象预报、警报将定期发给港口、渔业和航空部门。印度气象局把整个印度划分为 35 个气象区，每周发布雨情公报，公布雨量正常与否及偏离正常的比例。国家水资源管理委员会负责全国 60 个大水库的水情监控及预报工作。小水库则由邦政府水利灌溉局负责监控。在印度气象局和国家水资源管理委员会监控预报的基础上，印度专门成立了国家农作物气候观察小组，负责跟踪旱情。另外，中央水资源管理委员会建有洪灾预报系统。该系统覆盖全国 13 个邦的 63 条大江大河，有 157 个预报站进行实时洪灾预报。预报洪灾时，使用了甚高频/高频（VHF/HF）微机无线通信系统。

灾害应急流程：一旦遇到自然灾害，营救和赈灾工作由邦政府负责，组织实施及整个管理以邦为主。其基本职责是负责采取营救、赈灾和安置。就有形资源、财政资源和其他补救措施而言，如交通运输、灾情警报或粮食跨境调运等，则由中央政府进行支援。

八 泰国

泰国灾害预警中心负责全国灾害信息的收集及发布工作。2005 年，预警中心启动了国家自然灾害预警系统。该系统由多学科的自然科学和危机管理专家组成。24 小时监测自然灾害数据，负责灾害评估等工作。同时，预警中心还负责与国际相关机构进行灾害信息交换。泰国气象部的职能是发布天气预报、暴雨与自然灾害警报、观测泰国的天气与自然现象。其在洪灾与旱灾管理中的职责是观测与预报天气，包括降雨、径流与降雨分布。

灾害应急流程：灾害发生时，内务部地方行政局民防秘书处办公室在受灾阶段负责提供政府紧急援助，减少可能的次生灾害损失，协调有关部门，特别是武装部队、志愿人员和后援机构的必要援助。

第六节　社区防灾能力与非政府组织建设

一般认为，社区是指在一定区域范围内产生社会互动，具有特定的生活方式和共同社会心理的人群所组成的相对独立的并具备一定功能的社会单位。广义来讲，泛指城市中的街道居委会和农村中的村组。1999 年 7 月，在日内瓦召开的第二次世界减灾大会的管理论坛强调要关注大城市及都市的防灾减灾，尤其要将社区视为减灾的基本单元。2005 年联合国减灾大会提出："在所有社会阶层，特别是社区，建立应急机制和提高应急能力。"（陈文涛等，2007）同年，亚洲减少大会通过的《亚洲减少灾害风险北京行动计划》指出，为了减少生命和财产损失，各国政府必须制订、评估和定期修改灾害应急预案，从社区到国家层面保证灾区充分、有效地应对灾害。目前，一些发达国家和地区在社区应急管理与反应方面已获得成功的经验，基本形成了社区灾害自我管理、自我完善的机制。

一　美国

近年来，特别是"9·11"事件发生以后，美国联邦应急管理署认为"防灾型社区"是长期以社区为基础进行减灾的工作单位，"防灾型社区"在多种灾害发生前能够做好预防灾害的步骤、方法，以降低社区受灾的可能性。为此，联邦应急管理署制订了"项目推动"计划，积极推动"防灾型社区"建设。美国政府确定的"防灾型社区"需要具备以下 3 个功能：①灾前减灾和整备功能。规划相关社区防救灾计划，成立社区防救灾组织机构，吸引社区居民参与，提升社区内各家各户的防救灾意识，推动社区在灾前的准备工作。督促社区成员，使之能够熟练掌握社区领导下的各项防救灾工作。②灾时应急功能。能依照既定组织程序及事前演练的模式开展互助互救工作，并具有较长时间的灾害持续抵御能力。③灾后复原、改进功能。灾后重建应尽量以社区居民为主导，总结相关社区居民经验，进行规划设计，并尽量发挥社区特色和优势，营造良好的社区环境。

针对以上功能，按灾害管理的 4 个阶段（减灾、备灾、应急、复原）的特点来强化"防灾型社区"功能建设。减灾阶段的能力建设包括宣传防灾的重要性、社区专门的防灾教育、制订社区防救灾计划及加固防灾设施等。联邦应急管理署制订的社区版的"可持续减灾计划"内容包括：土地利用规划、示警系统设置、建筑物的管理与监督、紧急救助及医疗系统、危机管理指挥系统。备灾阶段的能力建设包含应急计划、应急程序、调查社区可用资源、物资储备、应急计划训练等，还包括制订各项灾害计划进行演练。应急阶段的能力建设为响应紧急救灾的命令，救助救援物资输送至灾区营救生命及财产。通常这一阶段的实施会从灾时延续至灾后，社区防救灾组织需要完成包括搜寻、救援、避难、成立防救灾中心与后勤分配等工作。复原阶段的功能建设按时间可划分为短期及长期功能，其中短期主要是复原公共设施、复原救生系统、提供临时住所、失业救助等；而长期则为恢复社区灾前生活条件，或者进一步针对社区所需制订相关适合社区发展的计划，进行建设、改造。

美国"防灾型社区"建设的一般步骤为：①建立政府、社区、学校、民间团体等社会力量之间的伙伴关系，为长期落实社区防灾的计划创造良好的内部环境；②确认社区内可能致灾的地点，研究灾害防范范围，制作相关社区地图，并针对社区致灾地点充分利用现有公共资源，查找和防范易致灾的隐患，可利用政府的防救灾专家，进行咨询及评估工作；③动员社区居民的参与、协商，以社区内灾害评估鉴定为依据，制订各项社区风险减灾计划，制定出适合社区的短期与长期的减灾策略。④参考和利用美国联邦应急管理署提供的资源、工具及计划加以推动、实施。

社区应急反应小组（Community Emergency Response Team，CERT）是美国重要的市民组织，也是美国市民防灾培训最成功的模式（吴新燕，2004）。自1985年推出后，经过十多年的发展，到20世纪末已有45个州、340多个社区实施了CERT计划。CERT的成员来自受到良好培训的志愿者，CERT培训课程总共20小时，培训的内容包括灾害准备、灭火、急救医疗基础知识、轻型搜索救援行动理论知识以及救灾模拟演习等实践活动。目前，CERT组织已从社区和企业扩大到了学校，在一些中学成立中学生应急反应小组，帮助学校中其他学生和教职员工完成火灾和地震的模拟训练（吴新燕，2004）。

二 日本

日本人口密度大，给防减灾工作带来巨大的压力。尤其是在人口稠密的城市，社区的防减灾工作显得尤为重要。日本政府认为建设抗灾能力强的社区是防灾减灾的基础。因此，政府非常重视社区抗御灾害和应急能力建设，重视社区在灾害应急中发挥的作用。为了防止民众过度依赖政府、有效地动员社会力量、分散政府的灾害管理风险、鼓励基层居民开展自救和互助，《灾害对策基本法》规定："地方公共团体的居民，在自己采取防备灾害手段的同时，必须努力自发参加防灾活动。"在各个社区里，居民成立有自己的防灾赈灾的团体组织。在农村地区，各市町村也都有自己的救援志愿者队伍，定期进行灾害常识的教育、组织演习、教授紧急救护与包扎知识等活动。日本政府注重居民安全文化意识的培养，在市民和单位中，树立"自己的生命自己保护""自己的社区自己保护"的防灾基本理念，使社区和个人在最大程度上承担灾害应急工作。日本政府还非常重视社区自主防灾组织的建设，不断加强平常的制度建设、应急器材的准备、组织的培养及演习训练。目前，在日本3252个市区町级行政区划中，有2472个拥有居民自主防灾组织，组织的总数接近917万个。按全国总户数统计，56.1%的家庭加入其中（陈文涛等，2007）。在"防灾型社区"建设中，日本还针对偏远山区和农村地区人口老龄化的特点，尝试新的城镇预警模式，使"防灾型"社区建设更有针对性。为了加强自主防灾减灾组织的发展，使其活动自主化，日本制定了一系列的政策制度。社区灾害的防御工作已纳入法制化轨道，强调政府灾害应急管理中的有限责任，在法律中明确基层居民自救互助的职责，保障社区防灾工作依法开展。

三 英国

英国意识到了建立"防灾型社区"对国家减灾的重要性，也加强了社区应急制度上的法制化建设，在社区灾害准备、社区危险性评价、易损性分析和社区应急救援体系上做了大量工作。

英国在强化政府部门间协调和协作的同时，还重视基层的公共安全管理，善于动员和储备社会应急力量。鼓励非政府组织和民间团体建立应急志愿者队伍。英国非政府组织和团体众多且由来已久，一部分机构还承担公共服务职能。政府把这些民间力量纳入应急管理体系，支持建立各类专业性、技能性的应急志愿者队伍，在很大程度上弥补了政府应急资源的不足，同时增强了民间组织的社会责任感。

四 澳大利亚

澳大利亚防灾型社区建设的最大特点，是专门从社区层面对灾害管理作了规定，指导社区应急预案的编制，使社区和政府防灾减灾工作有效衔接，保证了行动的一致性。社区应急预案的编制过程就是实施灾害风险管理的全过程，风险管理逐渐成了社区灾害管理的一个基本模式。通过风险管理，社区应急管理工作标准化，从而达到了建设防灾型社区的目的。

澳大利亚高层抗灾规划者和管理者都把社区作为国家应急体系的基础，把社区看成国家抗灾的基本力量，在地方政府的指导下自主开展灾害应急工作。《澳大利亚应急管理系列手册》（*Australia Emergency Management Series*）中专门提到社区管理及建设的内容，《社区应急预案编制指南》（*Community Emergency Planning Guide*）是为社区应急管理专门制定的，社区应急预案的编制和实施是社区应急管理的重要途径。规划和编制过程，使社区相关部门了解了各自的职责并提高了社区居民的安全意识，从而形成全社会参与机制。通过设置社区应急处理中心（社区保障部应急处）行使社区应急管理职能。

在澳大利亚，志愿者是抗灾的生力军，他们来自社区，服务于社区。应急响应的志愿者组织大约有 50 万训练有素的志愿者，占澳大利亚总人口的 2.5％，而警察、消防队等政府抗灾人员仅有 6.4％。志愿者大量参与社区的减灾备灾活动，为高效的灾害应急管理奠定了基础。澳大利亚应急管理中心免费为社区居民提供关于安全意识和教育的材料，这些材料的内容包括社区准备和应对飓风、洪水、暴风等各种气象灾害的基本信息和建议，通过加强宣传教育，社区居民的防灾意识得到了极大提高。

五 中国香港

香港的防灾型社区能力建设通过创建"安全社区"得到实施。根据世界卫生组织关于安全社区的概念，安全社区至少应该具备两个条件：一是制定针对所有居民、环境和条件的积极的安全预防方案；二是拥有包括政府、卫生服务机构、志愿者组织、企业和个人共同参与的工作网络，网络中各个组织之间紧密联系，充分运用各自的资源为社区安全服务。目前，世界上的安全社区有 100 多个，欧洲大陆是最多的。2003 年，香港的屯门区和葵青区被世界卫生组织确认为首例华语区的安全社区。香港的安全社区创建工作已有将近 20 年的历史，积累了丰富的经验，完善了社区防御气象灾害的软硬件环境，例如，2007 年 8 月启动的"香港社区天气信息网络"，集合了由学校及团体的气象站所观测的天气资料，经过适当的质量管理程序，通过因特网发放给市民，为社区提供气象信息。香港联校气象网负责联络学校教师，筹划推动中小学的气象防灾教育活动。

香港的社会服务体系十分发达，其主体包括政府机构、专职社工、宗教组织、义工等各方力量，其中志愿机构更提供了 2/3 以上的服务，成为推动社区建设和服务发展的重要力量。这是与香港政府大力推动防灾志愿者队伍的建设及非政府组织的发展分不开的。香港特区政府作出了相关规定：一是通过立法规定志愿人员救灾伤亡的抚恤和补偿标准等同于政府公务员；二是政府财政拨出专款用于志愿队伍训练救灾等开支，给予志愿人员一定的交通、伙食补助。目前，香港约有 200 万志愿者，占了其人口的 28.6％。香港特区的民安队是一支穿着制服并受纪律约束的志愿应急队伍，成人队和少年团的队员全部是志愿者。

六 俄罗斯

俄罗斯政府对社区防灾能力建设的重视程度和投入远小于发达国家。在目前的防灾体系下，主要是发动基层力量，建立了灾害信息员制度。总的看来，在防御基础单元还没有系统的防灾能力建设。20世纪90年代以来，俄罗斯的防灾志愿者队伍和非政府组织在快速地发展，但从与发达国家的横向比较来看，俄罗斯的防灾志愿队伍建设和非政府组织发展显然还处于"幼稚、落伍、模糊状态"。一方面是社会参与防灾意识淡薄，大部分俄罗斯人把防灾减灾的希望寄托在政府的帮助上，而这与国际非政府组织发展要求的"公民社会，公民参与"在认识理念上还是有一些差异的。另一方面是俄罗斯的立法对非政府组织的态度问题。俄罗斯政府认为，非政府组织作为一种社会力量存在，在某种程度上一定会削弱政府的力量，联邦政府与地方政府的公共资金对非政府组织的支持不大，这样非政府组织很难具备长期发展所需要的资金。

七 印度

在发展中国家中，印度政府对社区防灾能力建设的重视程度较高。开展了以下几个方面以社区为基础的备灾减灾活动：①提高社区公众灾害风险意识的各种活动，如培训、出样报、文艺演出等；②进行社区所在地的灾种、灾情的调查编目和灾害制图，对社区的脆弱性和灾害风险进行评估，找出造成脆弱性的主要原因；③分析评估社区的抗灾能力，如何增强社区的抗灾能力；④记述社区最好的减灾实践，宣传减灾方面取得的成就；⑤邀请社区内外的专业技术人员和社区的群众一同对社区的公共设施，特别是学校和卫生设施进行风险评估；⑥建立社区防灾和救助的组织，进行防灾训练和演练（李天池，2006）。以上活动的目的是建设一个有防灾意识的安全社区。由于几个世纪以来印度面临了种种自然灾害，地方社区已经发展出对付灾害的一套行之有效的办法。以社区为基础的减灾备灾和救助活动，多数是由非政府组织进行的。红十字会、红星月会、环保组织、慈善和扶贫机构等都是印度常见的非政府组织。当地政府对这些非政府组织进行的减灾和备灾活动加以肯定，从而形成了一种政府、援助国、非政府组织三方合作、协调救灾、恢复重建的机制。

八 泰国

近年来，在泰国防灾减灾部组织和西方国家资助，以及东盟、亚洲减灾中心等区域性组织或非政府组织的项目计划的推动下，通过实施"一村一搜救队"计划、"社区灾害风险管理"计划、"预警先生"培训计划、"紧急响应队伍发展"计划，大大提高了各基层行政单元的防灾能力。通过"民防志愿者网络发展计划"等活动，防灾志愿者队伍快速发展。目前，以社区为基础的泰国民防志愿者已超过100万。这些志愿者散布在各社区，随时做好准备或等待召唤。非政府组织通过充分利用社区的文化资源，调动当地人民的参与热情，让社会注重社区的防灾能力建设。

第七节　防灾教育与培训

一　美国

美国除了拨出巨资用于培训专业防灾救灾人员外，还非常重视市民的防灾培训工作，以便在紧急事件面前更好地作出反应。美国的居民防灾教育有两个显著特点：①防灾救灾知识网络化。美国关于灾害与危机类网站近700个，网络上的信息与资源可以说是取之不尽、用之不竭。这些网站从内容上来说，覆盖面很广，其中有自然灾害的介绍、如何预防灾害、灾害发生时应采取的急救措施及灾害保险宣传等，美国FEMA在网络上制作了应急指挥系统的学习课件，民众可以很容易地了解应急救援计划和工作流程。让民众知道灾害发生后如何避险、如何获得救助等。随着"9·11"事件的发生，FEMA于2002年9月在其网站上公布了一篇长达100多页的文章，题目为"你准备好了吗——市民灾害准备指南"，该指南为家庭提供了针对各种灾害的具体指导，颇具实践意义。它在一定程度上已经成为美国政府对社区居民进行灾害教育的范本。②公众参与普及化。FEMA通过遍布美国的市民服务队，对个人、家庭进行应急培训，据统计，美国每年参加此类活动的公民达到700多万。培训内容包括要求每个家庭必须准备3天的急救药物、饮水和食品等，同时要学习一些包括防火、防震等方面的技能，争取做到自救与互救相结合，并要求每个居民在必要时能够迅速参与一些应急事务，如应急救援和维护社区安全。

二　日本

日本注重培养全民危机意识、自救互救技能和心理应对能力。全面、系统的防灾素养使日本民众在面对灾害时能冷静应对，最大限度地减轻了灾害损失。在政府出版物中，涉及防灾减灾内容的有《建筑白皮书》《环境白皮书》《消防白皮书》《防灾白皮书》《防灾广报》等 10 余种刊物。日本目前具有世界先进水平的由政府、社会团体、个人组成的全社会的防灾教育体系（黄宫亮，2008）。日本建有防灾教育及培训中心，面向公众开设各种减灾培训、急救培训等课程。日本所有学校每年都要有计划地进行 4 次左右的全国学校灾害模拟教育；定期举行防灾食物模拟竞赛，让学生养成灾害本能反应，减少对灾害的恐惧；日本学校经常与社区互动开展防灾教育，从学校课程到家庭演练都不放松灾害教育，几乎每个家庭都配备有一套灾害应急自救包。日本的防灾教育形式具有以下特色（袁艺，2005a）：①繁多的防灾博物馆。在日本，凡是防灾博物馆开馆时间，都会有很多的参观者，参观者以学校组织的学生和老人为主。②富有特色的防灾中心。这类中心属于地方的基础设施之一，在东京就有各类防灾中心和相关机构十余家，既可以提供防灾课程教育和宣传，也可作为灾害过程中的救灾指挥中心和避难场所。③形形色色的宣传品。无论是参观防灾设施，还是访问一些灾害管理机构、参加一些防灾活动，都能接触到大量的防灾宣传品，如市民防灾手册就是一个非常典型的例子。这种手册是日本各地的必备手册，介绍当地常见灾害及其灾民防灾和自救的方法。一般都有日语、英语、汉语和韩语等几种语言，日本的防灾宣传品有一个很大的特点就是其多用卡通形象来讲解说明，以这种活泼、通俗易懂的形式向普通民众普及防灾知识，完全可以面向幼儿和小学低年级的学生。④多种多样的防灾培训和演练。防灾培训和演练在日本可以说是一项经常性活动。无论是面向灾害管理专业人员还是普通民众，或者是商业部门等，都设有定期或不定期的防灾培训和演练。防灾培训和演练已经成为日本普通民众获得防灾知识和教育的重要途径之一。⑤强大的互联网资源。日本的主要灾害管理部门和相关部门都建立了专门网站或网页作为宣传防灾知识和发布防灾信息的平台，在日本中央政府和地方政府的官方网站防灾是一个重要的专题。⑥体验式的学校防灾教育。体验式的防灾教育则借助接近真实的体验，"拉近"灾难与人之间的距离，除了在体验中学习到应对灾害的常识，更重要的是为面对灾难做好了心理层面的准备，当灾难真正降临时，能够从容、镇定地应对。通过培训，学校成为灾后的第一避难所。

三 英国

英国的急救教育被纳入法律范畴。英国的应急管理教育培训体系主要由三部分组成：一是内阁办公室国民紧急事务秘书处所辖的紧急事务规划学院，主要负责全国跨部门、跨地区的综合性应急管理教育培训；二是政府有关部门设立的警察、消防、医疗急救等专业培训学院；三是经过资质认定的各类社会组织和私营机构开展的应急管理教育培训。其中，紧急事务规划学院是英国最权威、最有影响力的国家级应急管理教育培训机构，是集应急管理培训、科研和咨询为一体的国家级综合性平台，始建于1937年，长期为内政部管辖，2001年后划归国民紧急事务秘书处管辖。学院培训规模为每年7500多人次，对象包括各级政府官员，消防、警察、急救等专业救援部门管理人员，也包括国民健康体系、学校、军队、志愿者的管理者及外国官员等。除了教育培训外，紧急事务规划学院还承担了研究制定应急管理标准、手册，为国民紧急事务秘书处和社会各界提供政策建议等一系列科研、咨询任务。根据英国的法律法规与"金、银、铜"三个管理层级的应急处置职能和机制，紧急事务规划学院分模块、分层次设计了四大类55门课程，内容涵盖了应急预警、风险评估、应急规划、应急处置、恢复管理、媒体沟通，以及体育赛事、节假日应急管理、自然灾害、生产交通安全、核生化事故处理、卫生防疫等方方面面。从最基础的应急入门教育培训到应急管理硕士课程，内容十分丰富齐全。旨在提高应急决策者跨部门、跨地区协同应对的能力。

四 澳大利亚

澳大利亚防灾教育深入人心，坚持知识普及与技能培训并重，不断向普通民众宣传危机防范知识，定期向居民邮寄有关应对危机的宣传资料，在市民中传授简单易学的减灾技能，切实提高市民的防灾意识和自救互救技能。在形式上，把学校教育和社会教育结合起来。各级中学都设有防灾减灾方面的专业课程，不少地方设立了防灾减灾专业学院，既培养专业救援人员和救援指挥人员，也进行防灾减灾方面的研究。例如，全国应急管理学院提供紧急事件管理的教育与训练，所指导的活动包括：提供学生住宿或校外训练与教育课程，对选择的应急管理方面提供咨询服务等，同时也进行灾害后的冲击研究与其他形式的应用研究，研究所应用联邦政府所提供的资金进行指定研究，以改进国家紧急事件和灾害的处理能力。除了重视学校教育以外，对国民的教育也十分广泛。例如，为每个家庭发放防灾救灾手册，在人群集中的地方设有报警装置和防灾救灾标志。设计了专门的卡通形象，制作成易被普通市民接受的宣传资料，如各类文具、鼠标垫、钥匙扣等，时时处处提醒人们注意安全防范。澳大利亚还把防灾减灾的宣传教育纳入社区建设的范畴，经常把市民直接请进减灾部门进行参观和培训，拉近政府减灾部门与普通市民的距离，收到了全民关心支持防灾减灾工作的效果。

五 中国香港

　　香港特区政府很重视平时对市民的防灾减灾教育与培训，通过全民的危机教育、应对灾难的培训和实地演习等活动，大力提高全民危机意识，使灾害管理成为全民的事业，使得市民在危机状态下能够做到主动配合政府的行动。香港的防灾教育有 5 个特点：①树立常备不懈观念，教育市民绷紧危机这根弦，平时就做好应对危机的物资和心理准备。政府出版发放了《趋吉避凶简易守则》，告诫市民在天灾或严重的意外威胁下，要避免惊慌失措的行为，有效保护生命和财产安全。②注重对一般紧急事故应变的宣传，做到家喻户晓。政府出版的小册子《香港安居乐土：反恐防患，早有准备》告诉公民面对灾害应采取的正确做法。③从学校抓起。教育学生科学认识和应对危机。香港在中学开设了应急知识普及讲座，其中要学习《居安思危：勿忘香港的天然灾害》一节，课后还要做包括大量科学认知和危机应对的练习。④结合最新案例进行教育。在 2004 年印度洋海啸之后的第 10 天，香港教育统筹局就及时推出了世纪海啸灾难系列教材。⑤有关公营机构和企业也承担危机教育的责任。香港的应急队伍由公务员组成的主力队伍和志愿人员组成的辅助队伍构成。无论是正规队伍还是辅助队伍都受过应急管理的专业培训。比如，医疗辅助队，由约 4400 名志愿人员组成，所有队员均接受过急救、辅助医疗、灾难医疗及救护执勤的训练。

六 俄罗斯

　　俄罗斯政府在防灾救灾的教育培训方面，对专业救援队伍的建设与培训力度远远大于对市民的培训力度。目前，紧急状态部拥有联邦层面的消防队、民防部队、搜救队、水下设施事故救援队和船只事故救援队等多支专业力量。国家中央航空救援队拥有多种专业的救援设备和技术，如直升机和运输机、特制潜水服和呼吸装置等。为提高专业人员的素质，俄罗斯建立了领导培训体系、专业救援人员培训和考核体系。俄罗斯紧急状态部在训练教育设施上分设有一座民防学院、数所训练与方法中心，包括一所全俄罗斯民防科学研究院、一个全俄监控与实验控制中心等单位。同时，还拥有多所院校，其中包括沃罗涅日消防技术学校、俄罗斯国立消防学院、伊万诺沃国立消防学院、圣彼得堡国立消防学院、俄罗斯民防学院等。这些教学机构源源不断地为俄紧急情况部输送专业人才，从而使俄预防和处理灾害事故的能力得到极大加强。俄罗斯当局在安全教育方面，除了在中学开设安全和逃生课程外，紧急状态部还有计划地向居民宣传安全防范和自救的知识。宣教工作一直深入到社区，主要针对老人和小孩等特殊人群开展宣教工作。通过防灾教育，公民的应急素质及自救互救能力大为提高。

七 印度

培养公众的防灾减灾意识是印度政府采取的八大长期防灾措施之一。印度的防灾教育与培训分正规教育、师资教育、非正规教育3个层次。在正规的防灾教育层次，中学教育委员会编制了一套灾害管理的短期课程纳入中学课程中，目前已有7300个学校的90万学生参加了该课程的学习，防灾教育正在学校中逐渐普及化。为了使学校防灾教育能够顺利开展，印度政府首先在全国范围开展了防灾教育教师培训。在非正规教育体系中，灾害管理培训被列入军校或警校学生自卫训练内容或其他培训机构的计划中。同时，印度政府使用一切可以使用的手段，如各种现代化的传媒，以及火车票、登机卡、明信片、银行卡、入场券、标语口号牌等大众日常接触的小东西进行防灾抗灾宣传。把每年10月的第二周的星期三定为"减灾日"，国家和邦政府的培训机构和其他组织进行纪念活动。此外，在印度内政部、联合国开发计划署"国家灾害风险管理"项目的共同主持下，创建了印度灾害知识管理网络，连接政府部门、科研组织/机构，以共享各方面专家的防灾知识，以此作为一个重要的灾害知识培训平台。

八 泰国

泰国的防灾教育与培训工作是在2004年12月26日印度洋发生海啸，泰国遭遇空前的自然灾害后得到高度重视和发展的。泰国将每年的12月26日确定为"国家防灾日"进行市民的防灾宣传与教育，全面提高公民的防灾意识。2004年创建的防灾减灾学院是泰国防灾教育中心，负责对政府官员、地方行政长官、私营企业防灾负责人及志愿者进行防灾专业培训。泰国防灾减灾学院普吉分院，是2004年海啸之后第一个建立的区域培训中心，负责11个省的山体滑坡、地震、海啸等的防灾减灾的培训教育。分院有3个部门，分别负责培训教育、政策研究和演练。培训对象有政府官员、非政府组织官员、基层社区管理人员等，计划开设的课程有通信器材应用，消防基础，消防高级，紧急应对海啸，化学有毒物质泄漏处置，志愿者、部门首脑、社区紧急状态应对，办公室职员怎样应对紧急状态，工作人员怎样逃生等（张小宁，2013）。此外，它们还和学校合作培训保安，和志愿者一起开展公民教育活动。2006 年，泰国被亚洲减灾中心选为防灾教育的试点，经过考察全国的防灾教育资源、编写防灾教材、进行师资培训和演练、发放教材、落实普及防灾教育 5 个步骤，逐步地将防灾减灾教育纳入小学正规课程，国民防灾教育取得突破性的进展。

第二章　我国气象灾害防御与机制建设

自然灾害特别是气象灾害，是世界性问题。据世界气象组织统计，1992～2001 年全球水文气象灾害事件占各类灾害的 90% 左右，导致 62.2 万人死亡，20 多亿人受影响，估计经济损失 4500 亿美元，占所有自然灾害损失的 65% 左右（雅罗，2005）。同时，最近 30 多年全球自然灾害发生频次增加了 3.2 倍，直接经济损失翻了三番。最近 10 年来，气象灾害发生率一直在急剧上升，全球每年因气象灾害造成的经济损失高达 500 亿美元，死亡人数达 22 000人（周波涛和於琍，2012）。伴随全球气候变化而来的负面影响，各国的粮食安全、水资源和能源保障等将面临更大的挑战。面对自然灾害的影响，所有国家无一幸免。

随着全球气候变化和经济总量的扩大，气象灾害影响日趋严重，加强气象灾害防御机制建设已成为全球关注的问题。我国作为一个受气象灾害影响严重的发展中国家，在加快全面建设社会主义小康社会与和谐社会的今天，气象灾害防御机制研究更具重要性和紧迫性。

第一节　我国气象灾害概况与防御的不利因素

我国幅员辽阔，地形地貌多样，大部分地区位于季风区，是个典型的季风气候国家，加之我国的天气和气候系统复杂，致使我国的气象灾害种类多、范围广、频率高、危害重，平均每年造成的经济损失占全部自然灾害损失的 70% 以上。20 世纪 80 年代以来，受全球气候变暖影响，我国气候趋于不稳定，一些极端气象事件频繁发生，对经济社会发展和人民福祉安康的威胁也日益加剧。据统计：近十几年来，我国每年受台风、暴雨、冰雹、寒潮、大风、暴风雪、沙尘暴、雷暴、浓雾、干旱、洪涝、高温等气象灾害和森林草原火灾、山体滑坡、泥石流、山洪、病虫害等气象次生和衍生灾害影响的人口达 4 亿人次，造成的经济损失平均达 2000 多亿元，约相当于国内生产总值的 1%～3%（秦大河，2006）。

一 气象灾害概况

（一）气象灾害的涵义

灾害泛指对人类生命财产和生存条件造成危害的各类事件，分为自然灾害与人为灾害两大类。自然灾害包括水旱灾害；台风、冰雹、暴雪、高温、沙尘暴等气象灾害；地震、山体崩塌、滑坡、泥石流等地质灾害；森林火灾和重大生物灾害等。气象灾害是自然灾害的一种。

气象灾害指气象要素及其组合的异常对人类生命、财产或生存条件带来直接危害的各类事件。气象灾害源自大气圈中的异常，包括天气的异常、气候的异常和大气成分的异常。气象灾害的承灾体包括人体本身、人类的生产活动、人工建筑及人类的生存环境等。

气象灾害通常包括大气直接产生的灾害和衍生灾害两种。前者包括台风、暴雨、干旱、冰雹、雷电、龙卷风、寒潮、低温冷害和冻害、高温热害、沙尘暴和扬沙、连阴雨及大风、雾霾等。后者是指大气作用于其他非大气系统产生的灾害，如洪涝、风暴潮、地质灾害、森林草原火灾、农林病虫害、空气污染等灾害。在 2010 年 1 月 27 日国务院颁布的《气象灾害防御条例》（中华人民共和国国务院令第 570 号）中明确规定：本条例所称气象灾害，是指台风、暴雨（雪）、寒潮、大风（沙尘暴）、低温、高温、干旱、雷电、冰雹、霜冻和大雾等所造成的灾害；水旱灾害、地质灾害、海洋灾害、森林草原火灾等由气象因素引发的衍生、次生灾害的防御工作，适用有关法律、行政法规的规定。

（二）我国气象灾害的种类

我国是世界上自然灾害种类最多、活动最频繁、危害最严重的国家之一。而气象灾害又是自然灾害中最为频繁而又严重的灾害。在我国，气象灾害活动所造成的经济损失占所有自然灾害造成的经济总损失的 70％以上，每年因气象灾害造成的经济损失约 2000 亿元。而 2008 年年初，仅低温雨雪冰冻灾害就造成 1516 亿元经济损失。每年受气象灾害影响的人口约 6 亿人次，农田受灾达 5 亿多亩①。在全国总受灾面积中，干旱灾害所占比例最大，约占 51％；其次是暴雨、洪涝灾害，占 27％；冰雹、低温冷冻和雪灾、台风灾害所占比例分别为 10％、7％和 5％。影响我国的主要气象灾害有以下七种。

---

① 1亩≈666.7平方米。

1. 干旱

干旱指长期无雨或少雨导致土壤和空气干燥的天气现象，会对农牧业、林业、水利及人畜饮水等造成危害。干旱是影响我国农业最为严重的气象灾害，造成的损失相当严重。我国每年都有干旱发生，平均 2~3 年发生一次严重的干旱灾害；尽管我国的农田水利设施在不断完善、灌溉面积不断扩大，但干旱成灾面积仍在增加。20 世纪 50 年代的平均成灾面积为 518 万公顷，60 年代为 799 万公顷，70 年代增至 856 万公顷，80 年代达 1129 万公顷，90 年代高达 1194 万公顷，进入 21 世纪后，2000~2003 年 4 年年均干旱成灾面积达 1960 万公顷。据统计，我国农作物平均每年受旱面积达 3 亿多亩，成灾面积达 1.2 亿亩，因干旱减产年平均达 100 亿~150 亿千克。除农业外，干旱还影响工业生产、城乡供水、人畜饮水和生态环境，尤其是经常受旱的北方地区，影响更为严重。目前，全国 420 多个城市存在干旱缺水问题，缺水比较严重的城市达 110 个。全国每年因城市缺水影响产值达 2000 亿~3000 亿元。干旱已成为影响国家水资源、能源、粮食安全的重要因素之一。

2. 暴雨、洪涝

暴雨一般指 24 小时内累积降水量达 50 毫米或以上，或者 12 小时内累积降水量达 30 毫米或以上的降水，会引发洪涝、滑坡、泥石流等灾害。长江流域是暴雨、洪涝灾害的多发地区，其中两湖盆地和长江三角洲地区受灾尤为频繁。1983 年、1988 年、1991 年、1998 年和 1999 年等都发生过严重的暴雨、洪涝灾害。洪涝灾害是我国发生频率高、危害范围广、对国民经济影响最为严重的自然灾害。据统计，20 世纪 90 年代，我国洪灾造成的直接经济损失约 12 000 亿元人民币，仅 1998 年就高达 2600 亿元人民币。水灾损失占国民生产总值的比例为 1%~4%，为美国、日本等发达国家的 10~20 倍。

3. 热带气旋（台风）

热带气旋是指生成于西北太平洋和南海海域的热带天气系统，其带来的大风、暴雨等灾害性天气常引发洪涝、风暴潮、滑坡、泥石流等灾害。近年来，因其造成的损失年平均在百亿元人民币以上，像 2004 年在浙江登陆的台风"云娜"，一次造成的损失就超过 100 亿元。每年在我国沿海登陆的热带气旋平均有 10 个，造成人员伤亡和重大经济损失。例如，2005 年，从 7 月中下旬开始，"海棠""麦莎""泰利""卡努"强台风接踵而来，仅浙江省直接经济损失就高达 251.5 亿元。

4. 冰雹

冰雹是指由冰晶形成的固态降水，会对农业、人身安全、室外设施等造成危害。冰雹常常伴随着大风，砸毁大片农作物、果园，损坏建筑物，威胁人类安全，是一种严重的气象灾害，通常发生在夏、秋季节。我国冰雹灾害发生的地域很广，据统计，农业因冰雹受灾的重灾年受灾面积达 9900 多万亩（1993 年），轻灾年也有 5600 多万亩（1994 年）。

5. 低温冷冻灾害

低温冷冻灾害主要是冷空气及寒潮侵入造成的连续多日气温下降，致使作物损伤及减产的农业气象灾害。严重冻害年（如 1968 年、1975 年、1982 年）因冻害死苗毁种面积达 20％以上。1977 年 10 月 25～29 日强寒潮造成内蒙古、新疆积雪深 0.5 米，草场被掩埋，牲畜大量死亡。

6. 雪灾

雪灾是指长时间大量降雪造成大范围积雪成灾的自然现象。雪灾会严重影响甚至破坏交通、通信、输电线路等生命线工程，对人民生产、生活影响巨大。2008 年年初，我国南方发生了 50 年不遇的罕见的雪灾天气。10 多个省遭受了 50 年不遇的持续雨雪、冰冻等自然灾害，受灾人数过亿，并造成电力中断、水管爆裂，10 多个机场、众多高速公路关闭，京广铁路主干线和诸多铁路路段及国道停运，导致人员和物资流动阻滞等连锁反应。民政部救灾司于当年 2 月 2 日公布了此次雨雪受灾数字：农作物受灾 7200 多万公顷，直接经济损失 530 多亿元，因灾死亡 60 人，紧急转移安置 175.9 万人，倒塌房屋 22.3 万间，损害房屋 86.2 万间。农业部统计数字显示，全国共有 1.14 亿亩农作物受灾，其中，成灾 6629 万亩，绝收 1628 万亩，油菜、小麦等作物受冻程度较重。截至 2 月 2 日，已有 1581.3 万头（只）畜禽死亡。

7. 沙尘暴

沙尘暴是沙暴和尘暴两者的总称，是指强风把地面大量沙尘物质吹起卷入空中，使空气特别混浊，水平能见度小于 1 千米的严重风沙天气现象。沙尘暴可造成房屋倒塌、交通供电受阻或中断、火灾、人畜伤亡等，污染自然环境，破坏作物生长，影响交通安全，给国民经济建设和人民的生产生活、生命财产安全造成严重的损失和极大的危害。据统计，20 世纪 60 年代特大沙尘暴在我国发生过 8 次，70 年代发生过 13 次，80 年代发生过 14 次，90 年代初发生过 20 多次，并且波及的范围愈来愈广，造成的损失愈来愈重。例如，1993 年 5 月 5 日，发生在甘肃省金昌、武威、民勤、白银等市（县）的强沙尘暴天气，受灾农田 253.55 万亩，损失树木 4.28 万株，造成直接经济损失达 2.36 亿元，死亡 50 人，重伤 153 人。从 1999 年到 2002 年春季，我国境内就发生了 53 次沙尘天气，其中有 33 次起源于蒙古国中南部戈壁地区。特别是 2002 年 3 月 18～21 日出现的沙尘暴过程，是 20 世纪 90 年代以来范围最大、强度最强、影响最严重、持续时间最长的沙尘天气过程，袭击了我国北方 140 多万平方公里的大地，影响人口达 1.3 亿。

(三) 我国气象灾害的特点

我国气象灾害的特点是种类多、范围广、频率高、灾情重 (冯丽文和郑景云,1994)。同时,旱涝等一些特殊灾害还具有持续性、群发性、区域性、季节性及易引发次生灾害等特征。

我国气象灾害的分布特征与所处地理位置和气候带密切相关。一般来说,我国西北地区及内蒙古、西藏、四川等省 (自治区) 属大陆性气候,常年干旱,冬季冻害严重。青藏高原是全国降雹最多的地区,新疆南部和内蒙古、甘肃两省 (自治区) 西部沙尘暴发生最频繁。东北、华北、西北东部及黄淮北部一带,干旱和霜冻发生较为频繁。江淮、江南、华南是全国暴雨洪涝、台风 (热带气旋) 灾害最为严重的地区,也是雷雨大风、龙卷风等灾害性天气多发区。西南地区中东部一带地形复杂,干旱、冰雹、低温阴雨、暴雨及引发的泥石流、崩塌、滑坡等灾害发生频繁。

回顾我国历史上较为严重的气象灾害,干旱、暴雨洪涝、台风是我国最为常见、危害最为严重的灾害种类。其中,干旱影响面最大、影响时间最长,损失最为严重。暴雨洪涝灾害仅次于旱灾。此外,台风、雷击、沙尘暴、霜冻、冰雹、雾灾等在我国也是经常发生的危害较大的气象灾害。

(四) 我国气象灾害的主要成因

造成气象灾害发生的原因是多方面的,归纳起来,主要是自然因素、人类活动和社会经济因素两大类。就自然因素而言,最为根本的是大气环流和天气过程的异常,影响我国天气和气候及其异常的主要因子包括亚洲季风、青藏高原、厄尔尼诺、南方涛动事件及环流系统的异常。除自然因素外,人类活动和社会经济发展也是我国气象灾害发生的重要诱因。随着社会的发展、文明的进步,人类活动的影响已经不再是局部性问题,温室效应、环境污染等已经对天气、气候及极端事件产生影响,并导致了全球气候变化。主要表现为:人口的不断增长带来巨大的资源和环境压力;人类活动影响土地利用,造成环境恶化,引发多种灾害;人类活动影响全球变暖,导致一系列气象灾害的发生;热岛效应造成城市灾害等。

二 气象灾害防御的不利因素

进入 21 世纪以来,国际社会普遍认识到:如果预防工作做得妥当,可达到"防患于未然",灾害防御以预防为主不仅可以消除或减少灾难出现的机会,更可减少经济损失及其他损失。在灾害风险管理的预防准备、灾前防御、应急减灾和灾后恢复4个关键阶段中，灾害预防和准备工作所受的重视程度日益增大。气象灾害的预防和准备包括防御规划与实施、应急训练、备灾资源准备和储备等。它是指政府提前设想气象灾害可能爆发的方式、规模，并准备好分灾种的应急计划，以确定在气象灾害出现时能根据实际情况选择有效的应对方案。政府制定的气象灾害防御方案和应急预案必须将日常生活中所有可能会对组织活动或生活造成潜在威胁的事件详尽地列举出来，并加以分类，估计其可能的引起方式、规模和造成的危害后果，设计出相应的应急预案。倘若某种气象灾害发生，就可以根据实际情况快速选择策略。这样可以使政府对气象灾害的防御管理成为一种制度选择，以避免其盲目性和随意性。

因此，我们有必要在认真分析我国气象灾害防御方面存在的不利因素的基础上，提出相应的工作建议，以进一步推进和完善气象灾害防御工作。

（一）存在的不利因素

1. 防灾观念

我国在气象灾害等自然灾害的防御上已逐步从以救灾为重点向灾害风险的预先防范转变，但与发达国家相比还有很大差距。特别是在经济发展比较缓慢的地区、地级以下管理机构中表现较为普遍。因受当地财政收入限制，在财政预算中对预防灾害计划安排较少，等灾害发生后，依靠上级救灾款实施救灾的现象较为普遍。另外，在对气象灾害的防御上软件重于硬件、平时重于灾时、地方重于中央的防御理念不够，重救灾、重应急、重灾时的现象普遍存在。特别是在基层组织机构工作计划中、各级政府项目计划规划上表现较为明显。

2. 法律法规体系

我国气象灾害防御的法律体系不够完善、法制化程度不高。现有的相关法律、法规，在气象灾害防御实施过程中有许多空白或法律间的相互交叉，影响实施效果；现有的一些防御措施（如人员强行撤离、救灾物资征用补偿等），是政府的行政命令，没有法律依据；气象灾害防御规划、计划尚不完善，应急预案尚未全部达到同级政府专项预案水平。

3. 防御体系

政府主导、多部门联动、社会参与的防御体系尚未建立。目前，我国基本上是按照单个灾害、单一区域的防御实施减灾行为的，各部门按照自己的职责实施灾害准备、防御、应急、救灾恢复等工作，系统协调联动不够，资源和信息难以实现真正意义上的共享，监测、信息、指挥系统和物资储备场所等重复建设较为普遍。灾害防御多头管理、分段管理、交叉管理现象影响灾害防御实施效果。与全社会综合协调、高效联动的减灾规划和行动的目标还有很大差距。

4. 灾后恢复

由灾后补救向对全社会自然灾害恢复能力的规划和建设转变水平有待提高。受当地经济影响，目前气象灾害发生后，大多数受灾地区以开展救灾复原、稳定生产为主，通过灾后补救，依据灾害防御区划，制订恢复能力规划，实施建设提高总体防御能力的较少。在气象灾害常发区、危险区受灾后重建现象较为普遍。汶川灾区救灾恢复过程进行灾害评估，重新规划建设恢复就是一个很好的开端。气象灾害受灾区域和危害程度不像地震，难以在恢复中引起政府高度重视，但气象灾害的多发性造成的累积损失也是不容忽视的。只有在灾后恢复中开展恢复能力规划和建设，才能有效、持久地提高防御能力。

5. 宣传培训教育

应急队伍的培训、演练，对全体公民防御气象灾害的知识宣传程度，避灾自救能力的培训、教育等方面与发达国家相比还有很大差距。基本上处在社会面上的宣传教育，根据当地气象灾害防御的特点，对个人、家庭、单位进行针对性防御技能培训、教育和宣传很少。对应急队伍的培训和演练流于形式、走过场，应付完成上级布置的演练任务的现象较为普遍。

6. 防御规划和应急预案

2010年1月9日，中国气象局和国家发展和改革委员会联合印发了《国家气象灾害防御规划（2009—2020年）》，这是我国第一个由国务院批准的气象防灾减灾专项规划，也是指导我国未来十年气象防灾减灾工作的纲领性文件。由于贯彻实施的时间不长，加上制定的环节和涉及的部门较多，目前只有浙江、河北、广东、山西、海南等部分省（自治区、直辖市）政府和浙江德清县、贵州湄潭县、山东平度市、安徽歙县、河北张家口市等个别市县政府出台了气象灾害防御规划，造成大多数省级及以下地区的气象灾害防御措施没有长远、持续发展的发展目标，灾害防御重点不突出，防御组织体系、防御方案、防御资金、防御措施等不到位现象普遍存在，制约了防御工作的开展。另外，气象灾害应急预案虽然普遍制订，但因其内容比较宏观，分灾种、应急流程、工作职责、应急措施等不够细致，在应急中可操作性不强，影响效果发挥。

7. 基层防御能力建设

基层防灾装备设施不完善，信息尚未达到村村通，信息员队伍不稳定、作用发挥不足，应急队伍素质和能力较为薄弱，防御工作和建设资金不足，宣传培训教育跟不上、群众被动防御等因素综合造成基层气象灾害防御能力较低，直接影响了全社会气象灾害防御的整体水平的提高。另外，气象灾害防御的志愿者队伍很少，公民对气象灾害防御的意识和自觉性不够，志愿者队伍在防灾救灾中的作用甚微，与达国家相比差距甚远。

（二）建议

1. 从理念和实施两方面对气象灾害防御工作的重点进行转移

第一是从以救灾为主向以预防为主转变；第二是从重灾害来临时防御向平时防御准备转变；第三是从重硬件建设向软硬结合转变。

2. 建立政府主导、多部门联动、社会参与的气象灾害防御体系

成立各级政府对气象灾害等自然灾害防御管理机构，建立多部门分工负责、信息共享、联合协作行动，各类组织和个人积极参与的组织管理完善、运转畅通、行动到位的防御体系。建构基层组织管理和实施机构，建立和规范各类组织和群众参与防御气象灾害的机制，推动志愿者队伍建设，形成"人人都防灾，防灾为人人"的社会防灾新局面。

3. 建立、完善气象灾害防御的法律体系

根据各级气象灾害防御的需要，制定和完善气象灾害防御相关的法律、法规和配套规范性制度，填补当前气象灾害防御中的法律空白点，实现依法防御。

4. 完善气象灾害防御规划，细化气象灾害应急预案

依法制订各级气象灾害防御规划，并与本区域社会经济发展同步推进。按照气象灾害防御规划编制的技术要求，在针对性和可操作性上提高规划的水平。按照预案横向到边、纵向到底的要求，以实用性、操作性为重点，按照预案编制技术要求，组织修订现有预案，着力抓好基层单元气象灾害应急预案的制订和完善。

5. 加强基层气象灾害防御能力建设

以气象灾害示范区建设为试点，建立气象灾害防御准备认证制度和配套奖惩机制，推行"防灾型社区"认证工作，建设"防灾型社区"，促进基层气象灾害防御能力建设；各级政府加大对基层气象灾害防御政策和资金的支持力度，推动基层气象灾害指挥管理实施机构、应急队伍建设，加大基层防灾、避灾、自救能力培训教育和防灾知识宣传力度，启动基层气象灾害防御志愿者队伍的建设，完善信息收发系统，整合多部门信息员需求，培养素质高、技能好、多面手的信息员；建设或维修基层避难场所和防灾设施，配备必要的防灾设备和防灾物资，全面提高基层防御气象灾害的能力和水平。

第二节　我国气象灾害防御机制建设现状

前中共中央总书记胡锦涛曾针对 2008 年年初南方特大雪灾的问题强调指

出："这一次灾害警示我们，越是经济社会向前发展，越是现代化程度不断提高，就越不能忽视可能发生的风险。要深入总结、举一反三，进一步增强全社会风险防范意识，进一步完善应急管理体制机制，进一步加强各种应急物资储备，进一步提高危机处理水平，真正把这场抗灾救灾斗争的经验转化为更好抵御风险的措施和能力。"同时，胡锦涛同志在 2008 年 6 月 27 日中共中央政治局第六次集体学习时要求："要完善多灾种早期预警机制，完善部门联合、上下联动、区域联防的防灾机制，要完善多灾种的监测预警应急机制、多部门参与的决策协调机制、全社会广泛参与应对的行动机制。"

因此，加强气象灾害防御机制研究，有助于进一步了解和掌握国内气象灾害防御机制现状，不断增强危机意识，有助于健全应急管理体制和机制，提高应对突发事件的能力，最大限度地减少气象灾害造成的损失。

一 气象灾害防御机制的含义

气象灾害防御包括人们为减轻灾害而采取的各种社会活动和工程措施（陆亚龙和肖功建，2001）。狭义的灾害防御指灾害发生前采取的行动，广义的灾害防御还包括灾害发生后为次生灾害和衍生灾害而采取的措施，以及政府部门组织编制的气象灾害防御规划、应急预案和灾害风险区划等。

本书所研究的气象灾害防御，是指为了减轻气象灾害损失所建立的气象灾害防御组织管理体系、运转机制和行动机制，制订的防御规划和应急预案，以及为减轻气象灾害所实施的工程性措施和非工程性措施，所采取的各种行动和活动。它包括在非气象灾害时期开展的防御准备、灾害发生前的灾前防御、灾害来临时的应急减灾，以及灾后恢复（复原）重建等活动，是一项气象灾害防御涉及领域综合治理的系统工程。

在《现代汉语词典》中机制泛指一个系统中各元素之间相互作用的过程和功能。多用于自然科学，机制指机械和机能的互相作用、过程、功能等。社会科学也常使用，可以理解为机构和制度。

本书研究的气象灾害防御机制主要是指气象灾害防御中的组织体系和运转机制、主要气象灾种的监测预警和灾害信息共享机制，政府主导、多部门参与的决策协调机制和部门联合、上下联动、区域联防的防灾机制，全社会广泛参与应对的行动机制，以及与之相配套的法律法规体系。

二 应急管理体制与机构

从 2003 年非典之后，我国在公共措施、应急预案、公共卫生保障、紧急状态立法等方面加快了阶段性的探索步伐。在中央政府的统一领导下，各级政府制定了有关自然灾害、事故灾难、公共卫生事件和社会安全事件的应急预案。全国上下建立了统一领导、综合协调、分类管理、分级负责、属地管理为主的应急管理体制。

（一）应急管理体制与机构设置

应急管理体系是指应对突发公共事件时的组织、制度、行为、资源等相关应急要素及要素间关系的总和。只有建立比较完善的应急管理体系，才能保证在预防、预测、预警、指挥、协调、处置、救援、评估、恢复等应急管理各环节中各方面快速、高效、有序反应，防止突发公共事件的发生，或者减少突发公共事件的负面影响。

总的说来，目前我国的各级应急系统主要有两种模式。一种是由政府设立一个专门的机构，直接领导协调各职能部门的紧急事件应急管理（如南宁的城市应急联动中心）。另一种是由政府成立领导小组，分管领导任组长，单位负责人为成员，建立灾害事故应急处置机构，统一领导城市应急求助和突发事件处置工作，实行综合减灾战略（如上海城市紧急事务处置体系）。

1. 应急管理体制

2003 年 10 月，党的十六届三中全会通过《关于完善社会主义市场经济体制若干问题的决定》，深刻分析了影响生产力发展的体制性障碍，提出"建立健全各种预警和应急机制，提高政府应对突发公共事件和风险的能力"。2004 年 9 月，党的十六届四中全会作出《关于加强党的执政能力建设的决定》，从加强党的执政能力和政府执行力的层面，进一步提出"建立健全社会预警体系，形成统一指挥、功能齐全、反应灵敏、运转高效的应急机制，提高保障公共安全和处置突发公共事件的能力"。2006 年 8 月，党的十六届六中全会通过《关于构建社会主义和谐社会若干重大问题的决定》（以下简称《决定》），正式提出了我国按照"一案三制"（指应急预案、应急体制、应急机制和应急法制）的总体要求建设应急管理体系。《决定》指出："完善应急管理体制机制，有效应对各种风险。建立健全分类管理、分级负责、条块结合、属地为主的应急管理体制，形成统一指挥、反应灵敏、协调有序、运转高效的应急管理机制，有效应对自然灾害、事故灾难、公共卫生事件、社会安全事件，提高突发公共事件管理和抗风险能力。按照预防与应急并重、常态与非常态结合的原则，建立统一高效的应急信息平台，建设精干实用的专业应急救援队伍，健全应急预案体系，完善应急管理法律法规，加强应急管理宣传教育，提高公众参与和自救能力，实现社会预警、社会动员、快速反应、应急处置的整体联动。坚持安全第一、预防为主、综合治理，完善安全生产体制机制、法律法规和政策措施，加大投入，落实责任，严格管理，强化监督，坚决遏制重特大安全事故。"至此，这3次党的全会基本完成了我国应急管理体系框架的蓝图设计工作。

我国正在逐步建成党委领导、政府主导，专业处置、部门联动，条块结合、军地协同，全社会共同参与的突发公共事件应急管理体制。各省（自治区、直辖市）都已建立比较健全的减灾应急管理体制与机构。

气象部门作为各级政府专项应急管理机构之一，也建立了本部门的三级联动应急管理机制，包括应急工作领导小组（由局领导与职能处室负责人组成）、应急管理办公室（由局办公室、业务处、安全保卫机构等组成）、若干应急处置小组（根据突发公共事件应急工作需要分别设立）。全国气象部门正在逐步完善中央—省—地（市）—县的四级气象灾害应急管理指挥体系。

2. 应急管理组织机构

在1989年成立了由国务院领导负责的中国国际减灾十年委员会。2001年该机构调整为中国国际减灾委员会，2005年又调整为中国国家减灾委员会（简称国家减灾委）。国家减灾委是中国应对自然灾害的中央政府最高机构。气象灾害的监测预警与风险管理由中国气象局负责，水旱、滑坡、泥石流、森林火灾、农业病虫鼠害及草原火灾等衍生和次生的灾害风险管理分别由水利部、国土资源部、国家海洋局、国家林业局、农业部等机构负责。各省（自治区、直辖市）对应设置了相应的机构，地（市）、县没有一一对应的机构，但地（市）、县两级政府有综合指挥机构。全国形成了以部门为主、结合地方政府的"垂直与区域相结合的自然灾害风险管理模式"。

近年来，各级气象应急管理组织体系不断完善。中国气象局调整理顺了应急管理工作机构及其职责，中国气象局于2005年9月成立了应急管理办公室，由局办公室主任兼任应急办公室主任，全面负责气象应急工作。各省（自治区、直辖市）气象局进一步完善了应急管理指挥机构和工作机构。各省（自治区、直辖市）气象局也都相应地成立了应急管理办公室，建立了气象应急工作组织，初步形成了气象部门的应急管理工作组织机构。北京、河北、山西、内蒙古、黑龙江、青海、甘肃等省（自治区、直辖市）还成立了由政府主管领导担任指挥长的气象灾害应急指挥部，应急指挥部办公室设在气象局。

（二）应急管理的职能与流程

各级气象灾害应急指挥部是同级专项应急指挥管理机构之一，指挥部办公室是处理气象灾害应急的日常办事机构，由属地的同级气象局的各专业组组成。主要负责制订气象灾害应急预案和演练；应对气象灾害事件，指定承担部门或成立相应机构负责应急处置工作；根据实际需要，在发生重大气象灾害事件时设立现场临时机构；建立应急管理工作专家库，为应急管理提供决策建议；为突发公共事件提供应急气象服务保障；开展宣教培训、信息管理、应急救援队伍建设等。

各级气象灾害应急管理的工作流程一般包括值守、监测、预警、信息报告、应急响应、灾后恢复重建等。针对突发性重大气象灾害事件，气象部门的应急管理工作流程为：监测、预警，应急气象服务和保障，灾后调查评估、灾情上报。

三 监测预警和信息共享机制

从气象灾害监测预警能力来看，气象部门通过近十年来的现代化建设，已初步建成了包括地基、空基及天基观测系统等在内的综合气象观测系统，基本实现对我国多尺度天气系统的覆盖。据中国气象局统计，截至 2012 年年底，全国已建成新一代天气雷达 178 部，国家级地面气象观测站 2423 个，乡镇及以下的各类加密自动气象站、暴雨监测站 3 万余个，探空系统 120 部，自动土壤水分观测仪 2075 套，风廓线雷达 80 部，雷电监测站 334 个、GPS/MET 站 831 个（含陆态网），以及各类大气成分观测站点（包括大气本底站 7 个、沙尘暴站 29 个、大气成分站 28 个、酸雨站 365 个等）和在轨稳定运行的 7 颗风云系列气象卫星等观测系统，明显提高了对台风、暴雨、大风、冰雪、洪涝、干旱、大雾、沙尘暴、雷电等气象灾害的监测能力和精度。基本建成了较完整的数值天气预报业务体系，气候变化工作为我国应对气候变化和参与国际谈判提供了有力的科技支撑；台风、暴雨、高温干旱、沙尘暴、大雾等预警预报水平明显提高；初步建立了生态与农业气象、大气成分、人工影响天气、雷电、空间天气监测预报业务，联合有关部门开展了地质灾害、森林草原火险、空气污染指数、公路沿线、作物病虫害等气象条件等级预报服务工作；组织了一批涉及监测、预报、预警和评估方面的科技开发项目，显著提高了气象应急工作的科技支撑能力。在诸多气象现代化设施的支撑与气象预报、预测能力的不断提高下，气象灾害预报预测和预警技术取得长足发展，气象灾害预报预测的准确率不断提高，预报预测领域从天气、气候拓展到气候变化、生态与农业气象、大气成分、雷电、交通气象、水文气象、地质气象灾害、空间天气等领域。但与发达国家相比，气象灾害综合监测预警能力还有待进一步提高。特别是突发气象灾害的监测能力弱、预报时效短、预报准确率不高，还不能完全满足气象灾害防御的需求。

从气象灾害预警信息发布来看，发布覆盖面与服务面不断拓宽，气象预警信息通过电视、电台、手机、网站、电话、电子显示屏等先进手段更加快捷地传送到各级政府、部门、企事业单位和千家万户，全国每天接收气象服务信息的公众超过 10 亿人次。2006 年 5 月，中国气象频道正式开播，全天 24 小时实时提供权威的气象信息。此外，中国气象局中央气象台对全球 100 多个大城市实行全球天气预报工作，通过中央电视台第九频道、凤凰电视台的中文台、资讯台、美洲台、欧洲台覆盖全球华人世界，中央气象台还开通了英语等外语气象预报。各省（自治区、直辖市）气象局、计划单列市气象局均已开展手机短信气象服务，提供突发性、灾害性天气预警信息，2012 年年底，全国手机气象短信定制用户数已接近 1.3 亿。舟山、石岛、茂名、西沙等沿海地区建立了海洋气象预警电台，为广大渔民及时提供海上天气预警和服务信息。31 个省（自治区、直辖市）气象局全部开通了兴农网。依托中央财政"三农"气象服务专项等工程建设，我国基层气象防灾减灾能力逐步增强。截至 2012 年年底，我国共建设乡村气象信息服务站 6.5 万余个，气象信息服务站乡镇覆盖率约 71.4%；全国气象信息员 59 万余名，气象信息员村屯覆盖率约 91.7%，23 个省（自治区、直辖市）实现了气象信息员村屯全覆盖；我国自动气象站乡镇覆盖率达 88.6%，农村可用气象电子显示屏 13.4 万余个，可用气象预警大喇叭 21.5 万余套；同时，拓展了新媒体气象信息服务，中国天气网日最高浏览量超 2600 万，中国天气通用户突破 1800 万，气象部门已开通 732 个官方微博，"粉丝"超 1070 万。气象预警预报信息通过各种渠道更加快速、广泛地服务于社会，一张无形的气象信息大网将百姓生活、工农业生产等社会的各个角落"笼罩"，凸显出气象灾害防御信息发布工作覆盖面广的优势。气象预报预测，气候变化对农业、能源、水资源、陆地与海洋生态系统等的影响评估，在气象防灾减灾中发挥了重要作用。

从气象灾害信息共享来看，气象部门建成了连通全国 2359 个市、县的卫星与地面相结合的气象通信网络系统，实现了重大气象灾害预警和其他突发公共事件气象应急保障的联合会商；初步建成了气象与国防、军事、海洋、水利、地震、航空、航天、教育和科研等部门资料交换的网络系统，实现了面向社会的气象基础数据实时免费共享。但气象灾害防御中的其他部门的相关信息只有很少的部分实现共享，有关部门掌握的与气象灾害相关的信息，由于体制和利益分配关系所致封锁现象较为普遍，信息共享机制尚不够完善。气象灾害预警信息传播尚未完全覆盖广大农村和偏远地区；预警信息的针对性、及时性、发布渠道和手段不能满足社会公众的需求。

四 多部门联动的防灾机制

目前，初步建立了政府主导、多部门参与的决策协调机制，中国气象局与国务院应急管理办公室、国家减灾委员会、国家防汛抗旱总指挥办公室等建立了气象灾害应急联动机制和灾害防御规划管理协调保障机制，各省级气象部门也和省政府及相关部门建立了气象及其衍生和次生灾害联合应急处置机制，区域联防、上下联动、部门联合的共同防范和有效应对气象灾害体制日臻完善。

气象部门每天为全国 100 万余名各级应急和决策指挥人员免费发送气象预警手机短信、强化应急值守，有效处置应对各类特别重大突发事件。2012 年，中国气象局共启动重大气象灾害应急响应 18 次 48 天，各级气象部门提供决策气象服务材料 12 923 期，发布预警信息 18.4 万条，接收预警信息 67.3 亿人次。①各省（自治区、直辖市）气象部门办公室严格遵守应急值守和信息报告制度，主动向当地政府和相关应急处置部门报送信息，为各级领导及时决策提供服务。特别是在低温雨雪冰冻灾害、汶川特大地震、玉树强烈地震、舟曲特大山洪泥石流、北京奥运会、新中国成立 60 周年，以及上海世博会、载人航天等重大服务保障期间，各级应急办公室适时启动应急预案，有力地保证了各项工作的完成。近几年是启动应急预案次数最多、处于响应状态时间最长、涉及应急单位最广、报送相关材料最多的时期。

气象灾害发生时，往往涉及多个部门，加强合作、协同应对是做好气象灾害防御工作的必经之路。中国气象局注重加强部门间的沟通与协作，与国家核应急办公室、国土资源部、交通运输部、水利部、农业部、卫生部、环境保护部、国家林业局、国家安全生产监督管理总局等部委积极协商，就相关突发公共事件的气象保障建立了良好的合作关系，实现了相关信息的交换和数据共享。气象部门还与广播、电视、电信、移动通信等部门广泛开展合作，努力提高气象服务能力。从 2006 年开始，中国气象局就已经为国家各部委办应急管理人员免费开通了北京地区天气预警预报的手机短信服务。目前，天气预警预报的手机短信服务的范围进一步扩大，突发公共事件协同应对局面已基本形成。

但由于经济发展程度的差异、防御规划的制订滞缓、应急预案的可操作性不强、宣传教育和培训体制不够完善，气象灾害防御的灾前准备还存在着很多现实问题。一是尚未建立气象灾害风险评估制度，缺乏精细的气象灾害风险区划，对城乡规划和重点工程建设的气象灾害风险评估和气候可行性论证尚未全面开展。气象灾害防御的工程措施不完善、标准偏低，农村基础设施防御气象灾害的能力弱。二是气象灾害防御的组织管理体系中，多头管理、联动不畅的现象比较普遍；部门间合作和信息共享不充分，联动机制不完善，防灾体系不完备。三是缺乏比较完善的台风、大风、雷电、冰雹、冰冻、沙尘暴、大雾与霾、雪灾、低温冷害、高温热浪等气象灾害的防御方案和应急预案。这些问题

---

① 参见 2013 年 1 月 14 日，中国气象局党组书记、局长郑国光在北京召开 2013 年全国气象气象局长会议上所作的《2013 年全国气象局长会议工作报告》，http：//www. cam. gov. cn/2011xwzx/2011xqxyw/201301/t20130117 _ 203524. html。

导致气象灾害的预防环节薄弱，影响整体防御能力的提高，难以实现"预防为主"的防御目标。

五 全民参与的行动机制

近年来，中国气象局全面加快气象为农服务"两个体系"（即农村气象服务体系、农村气象灾害防御体系）建设，实现了气象业务体系、灾害防御管理体系和气象服务信息向农村延伸，建立了覆盖广泛的预警信息发布网络，完善了有效联动的农村应急减灾组织体系，健全了以预防为主的农村气象灾害防御机制。同时，各级政府按照以人为本的科学发展观，在各级组织的统一指挥下，气象灾害来临前，动员广大基层群众，按照社区、村庄或渔船船队等基层单位的统一指挥，积极开展防灾避灾的局面已初步形成。基层应急小组也已组建，一些志愿者在防灾活动中发挥了积极作用。特别是北京等大城市的社区防灾组织体系逐步建成，在动员组织广大群众参与防灾救灾活动中发挥了重要作用。

但从全国范围来看，广大农村特别是比较落后的农村，群众防灾意识不强、自救互救能力较弱、组织机构不够完善，再加上群众的认识不到位、灾后补偿机制不完善等诸多原因造成了群众按照统一部署、自觉参与气象灾害防御的积极性不够高；采用行政命令，甚至是强制手段来完成转移疏散等防灾活动的现象比较普遍。

六 教育培训体系建设

近年来，全国气象部门加强对《重大气象灾害预警应急预案》和气象灾害防御基本知识的宣传，让社会各界了解预案的启动机制、条件、级别和应对措施。中国气象局组织编辑出版了《气象灾害应急避险常识》等书籍和宣传手册，对气象灾害的种类、特点、预警信号、应急避险措施等知识进行了系统介绍，为老百姓提供实用的气象灾害防御应急指南。各地区充分利用每年"3·23"世界气象日、"5·12"全国防灾减灾日等活动和新闻媒体开展气象应急知识宣传的机会，组织气象部门对外开放活动，邀请社会公众特别是中小学生走近气象、了解气象，掌握必要的气象灾害应急常识。安徽等部分省（自治区、直辖市）已将气象灾害防御知识纳入基础教育，对小学生开展防灾知识课堂教育，取得了良好的效果。

但由于我国地域辽阔，特别是一些边远地区的农村居住分散，许多宣传方式难以覆盖，再加上当地农民受教育程度的限制，要实现全民防灾意识、避灾自救能力的提高，宣传教育培训工作任重道远。特别是仅靠气象部门开展宣传，无论是覆盖面，还是宣传力度，都显得杯水车薪，急需建立完善的气象灾害防御知识宣传教育培训体系，以基层为重点开展全民教育培训，才能有效提高综合防灾能力。

七 法律法规体系建设

近年来，我国在灾害防御的法律法规体系建设上迈出了一大步，先后制定颁布了《中华人民共和国突发公共事件应对法》《中华人民共和国气象法》《中华人民共和国防沙治沙法》《中华人民共和国防洪法》《人工影响天气管理条例》《中华人民共和国防汛条例》《中华人民共和国抗旱条例》《森林防火条例》《草原防火条例》《国家突发公共事件总体应急预案》《气象灾害防御条例》等法律法规和规范性文件。各级地方人民政府根据国家有关法律法规，制定了本地区的相关配套法规。特别是在应急管理法律体系建设上成效显著，基本形成应急管理的法律法规体系。现有突发公共事件应对的法律35件、行政法规37件、部门规章55件，有关法规性文件111件。这些法律、法规、规章和法规性文件涉及内容也比较全面，既有综合管理和指导性规定，又有针对地方政府的硬性要求。其中的《中华人民共和国突发公共事件应对法》于2007年8月30日经全国人大常委会通过、2007年11月1日起正式实施，是我国应急管理领域的一部基本法，该法的制定和实施成为应急管理法制化的标志。在"一案三制"中，法制是基础和归宿。应急管理法制的确立，表明我国应急管理框架的形成。2008年在全国人大会议上国务院郑重宣布："全国应急管理体系基本建立。"总的来说，我国"一案三制"在应对重大突发公共事件中发挥了重要作用，经受住了实践的检验，受到了世界舆论的高度评价，实现了依法抗灾减灾。

气象灾害的防灾减灾工作也必须有相关的法律法规来保障，规范各部门的职责和权利，高效率地组织社会各行业和公众，调动和协调全社会各方面的力量，有序、有效地抗御各种气象灾害。《中华人民共和国气象法》的制定和实施，为气象灾害防御工作提供了强有力的法律保障。2006年国务院下发《关于加快气象事业发展的若干意见》，2007年、2011年国务院办公厅又先后下发了《关于进一步加强气象灾害防御工作的意见》和《关于加强气象灾害监测预警及信息发布工作的意见》，进一步指导和促进了气象灾害防御工作。

2000年以来，我国气象灾害防御工作在国家的高度重视下，得到了长足的发展和进步。气象部门高度重视气象减灾立法工作，不断建立和完善各项法律法规和规章制度。根据2000年1月1日开始实施的《中华人民共和国气象法》，气象部门制定了一些相关规定，以及相应的地方气象减灾法律法规。比如，为了响应我国应急体制建设，气象部门制定了一系列气象灾害监测预警、气象灾害信息发布、气象灾情收集上报评估、气象处置方面的部门规章和行业规定，规范了突发性灾害气象应急保障的组织机构、运行机制、应急程序、启动条件、灾情收集和评估等环节。同时，《气象灾害防御条例》（国务院令第570号）已自2010年4月1日起施行。而且，各省（自治区、直辖市）也相应制订了《中华人民共和国气象法》实施办法、气象灾害防御条例、气象探测环境和设施保护办法、人工影响天气管理条例等。其中，重庆、吉林、山东、四川、江苏、广西、黑龙江、安徽、贵州、甘肃、河南、山西、宁夏、内蒙古、陕西、湖北、海南、云南、天津等省（自治区、直辖市）制订实施了气象灾害防御条例，对各级政府在气象灾害防御中的地位和作用、气象部门的责任和义务，以及气象灾害的防御规划与设施、预防与减灾措施、监测与预报、应急与监督、法律责任等内容都做了明确规定；这些法律法规的颁布实施，为依法管理气象灾害工作奠定了基础，使我国气象灾害管理工作有章可循，逐步走上法制化、正规化、规范化轨道。但随着气象灾害防御工作的不断深入，有些防御工作缺乏法律法规的支撑，如台风防御的人员强行撤离等，也存在一些法律的盲点，逐渐反映出现有防灾法律体系的不完善，需要进一步修订和完善气象灾害防御相关法律法规，才能适应气象灾害防御工作的新要求。

八 应急预案体系建设

气象灾害应急预案是依据有关法律法规和国家规定，以政府规范性文件的形式发布，用于规范政府及有关部门履行处置突发气象灾害事件的职责、实施气象灾害应急管理的工作制度。目的是建立健全突发气象灾害事件预警和应急机制，有效防御和最大限度地减轻或避免气象灾害造成的人员伤亡、财产损失和社会影响，保证气象灾害应急工作高效有序地进行，提高气象灾害的应急处置能力。

中国气象局稳步推进气象部门应急预案体系建设。按照《国家突发公共事件总体应急预案》的要求，积极推进国家气象灾害应急预案的编制。2009年12月11日，国务院办公厅印发实施《国家气象灾害应急预案》，就我国范围内气象灾害防范和应对的组织体系、监测预警、应急处置、恢复与重建、应急保障、预案管理等方面做出了详细规定，对于建立健全气象灾害应急响应机制，提高气象灾害防范、处置能力，最大限度地减轻或避免气象灾害造成的人员伤亡和财产损失，保障经济和社会发展，具有十分重要的意义。

围绕重大气象灾害和突发公共事件的气象保障工作，气象部门先后制订了一系列综合、专项、分项、单项应急预案。根据气象部门的实际和行业特点，组织编制了《重大气象灾害预警应急预案》和《中国气象局反恐怖袭击和紧急情况处置预案》，完善了《中国气象局气象灾害应急预案》《中国气象局奥运应急预案》等预案。近年来，中国气象局先后组织制定了《重大气象灾害预警应急预案》《突发气象灾害预警信号发布试行办法》；印发了《关于加快气象部门应急体系建设的实施意见》；成立了中国气象局应急管理办公室。而且，为进一步规范应急预案管理，先后印发了《关于加强基层气象应急管理工作的实施意见》《气象部门应急预案管理办法》，对全国气象部门应急预案的结构、编制、批准、发布、备案、修订、宣传、培训和演练等相关工作明确了职责和任务。此外，中国气象局先后与卫生部联合制定了《非职业性一氧化碳中毒事件应急预案》《高温中暑应急预案》，与交通部签署了《海上搜救合作协议》等，加强与其他部门的联动。

按照中国气象局的统一部署，全国各省（自治区、直辖市）气象局、计划单列市气象局都成立了应急管理指挥机构和工作机构，制订了气象灾害预警应急预案，部分单位还制订了气象灾害分灾种应急预案。截至 2012 年年底，31 个省（自治区、直辖市）全部印发了地方政府气象灾害专项应急预案，全国 90％的地（市）和 65％的县政府出台气象灾害应急专项预案，各级地方政府出台的专项应急预案达到近 1900 个。此外，全国各省（自治区、直辖市）气象局依据政府及相关部门要求，制定了突发公共事件气象应急保障预案，内容不仅涉及气象应急保障，还涉及核扩散、危险化学品（有毒气体）泄漏、森林草原火灾、地质灾害及海难搜救等相关突发事件。

至今，快速反应、协调联动的气象应急管理组织已初步建立，覆盖国家、省、市、县四级，以及涉及应对重大气象灾害、与气象相关的重大突发公共事件、气象部门内部突发事件等的多层次、宽领域的气象应急预案体系基本建立，为气象应急管理工作打下了牢固的基础。

九 部分省（自治区、直辖市）气象灾害防御机制对比

我国幅员辽阔，由于各省（自治区、直辖市）的气象灾害种类和影响程度不同、经济条件差异较大，气象灾害防御任务和水平参差不齐。目前，在省级的气象灾害防御工作中，东部沿海省份各项工作发展较快，中西部除重庆市外其他省份进展较慢，尚不适应气象减灾的要求。灾害防御机制是否健全是反映一个地区气象灾害防御水平的标准之一，为了总结先进省（自治区、直辖市）政府气象灾害管理经验及地方气象部门的防灾经验，在广泛调研各省（自治区、直辖市）气象灾害防御机制现状，同时参考中国气象局应急办公室于 2008 年 11 月汇编的《全国气象部门应急预案编制现场会交流材料》的基础上，遵循先进性、地域代表性的原则，以北京、上海、浙江、重庆 4 个省（直辖市）为例，

从防灾机构设置、防御规划与应急预案、预警信息制作与发布、应急响应流程、部门联动机制、基础单元响应机制、防灾宣传教育等几个方面，对代表性省（自治区、直辖市）的气象灾害防御现状进行了分析（表2-1），侧重分析其独特的地方特色及成功经验，以供参考。

表2-1　几个代表性省（直辖市）气象灾害防御机制基本情况表

地区	北京	上海	浙江	重庆
常设机构	市应急委应急办 市气象局应急办	市应急委应急办 市气象局应急办	省政府办公厅应急办 省气象局应急办	市政府应急办 市气象局应急办
地方性法规	《北京市人民政府办公厅关于切实加强气象灾害防御工作的实施意见》	《上海市人民政府批转市气象局关于贯彻中国气象局〈突发气象灾害预警信号发布试行办法〉实施意见的通知》 《上海市雷电防护管理办法》 《上海市防汛条例》	《浙江省人民政府办公厅关于进一步加强气象灾害防御工作的通知》 《浙江省雷电灾害防御和应急办法》 《浙江省大气污染防治条例》	《重庆市人民政府办公厅关于进一步加强气象灾害防御工作的意见》 《重庆市气象灾害防御条例》 《重庆市气象灾害预警信号发布与传播办法》 《重庆市防御雷电灾害管理办法》
防御规划	北京市"十一五"期间城市减灾应急体系建设规划		浙江省德清县气象灾害防御规划 嘉兴市气象灾害防御规划	重庆市主城区突发公共事件防灾应急避难场所规划（2007—2020）
应急预案	《北京市气象应急保障预案》 《北京市雪天道路交通保障应急预案》	《上海市处置气象灾害应急预案》 《上海市处置大雾灾害应急预案》 《上海市处置雨雪冰冻灾害应急预案》 《上海市处置大风灾害应急预案》 《上海市处置雷电灾害应急预案》 《上海市应对高温天气应急预案》	《浙江省气象灾害应急预案》 《浙江省防汛防旱应急预案》 《浙江省重大森林火灾事故应急预案》	《重庆市森林火灾应急预案》 《重庆市高温中暑应急预案》
预警信息制作	根据《北京市气象灾害预警信息制作发布业务暂行规定》制作	根据《突发气象灾害预警信号发布试行办法》制作	根据《突发气象灾害预警信号发布试行办法》制作	根据《重庆市气象灾害预警信号发布与传播办法》制作
预警信息发布	分蓝、黄、橙、红4种颜色分级预警，蓝、黄色预警由市气象台发布和解除，橙、红色预警由市应急办或授权市气象局发布和解除	分蓝、黄、橙、红4种颜色分级预警，由市气象台发布与解除	分蓝、黄、橙、红4种颜色分级预警，由各级气象主管部门所辖气象台站发布与解除	分蓝、黄、橙、红4种颜色分级预警，由各级气象主管部门所辖气象台站发布与解除

续表

地区	北京	上海	浙江	重庆
联动防御机制	设市气象灾害应急保障工作协调小组，由市气象局牵头，成员由其他16个相关部门单位负责人组成。按照各自职责组织实施气象灾害监测与防御等工作，并负责向市气象应急工作协调小组办公室提供气象灾害及防御信息和有关资料	设市应急联动中心，组织联动单位对特别重大或重大气象灾害履行先期处置等职责；一般气象灾害由市气象局与相关部门制订17种标准化的联动措施。各有关单位收到预警信号后，按照各自的职责分工，视情况准备启动或直接启动相应的预案，开展先期处置工作	设气象灾害应急领导小组，成员包括气象部门在内的17个相关部门；负责调集气象灾害应急处置所需的人力、物力、财力、技术装备等资源，协调解决气象灾害应急处置工作中的有关问题等。各成员按照应急领导小组的统一部署，启动相应等级的气象灾害应急处置工作，完成各项保障任务	设自然灾害应急指挥部，由气象主管部门启动内部相关应急程序，由自然灾害应急指挥部协调，各级政府、有关单位、个人根据预警信息防御指南，采取应急措施
应急响应方式	1. 基本响应，各有关成员单位按照职责响应； 2. 部门相应，相关部门联动响应； 3. 社会响应，由社会公众采取防御措施； 4. 分级响应，各单位按四级工作程序进行响应	按气象灾害程度和范围，应急响应分为4个等级。市政府成立市应急处置指挥部，组织相关区（县）政府、联动单位分级响应，各联动单位还应根据灾种不同进行分类响应	分为省气象局应急响应、市气象主管部门应急响应、县（市、区）气象主管部门应急响应、各成员单位应急响应、公共媒体应急响应、社会公众应急响应等6种方式	按四级分级响应。其中，一级、二级由市气象局提出，报市应急办批准后启动；三级、四级由有关区（县）政府决定，并由区（县）政府应急办、气象部门分别报市政府应急办、市气象局备案
基层单元防灾能力建设	1. 在灾害易发危险村安装了灾害报警装置，提高边远山区的预警覆盖率； 2. 免费为基层应急管理人员开通天气预警预报手机短信服务； 3. 建立社区防灾网站，加大防灾宣传； 4. 以密云县山洪灾害防御试点摸索农村灾害防御机制	1. 建立以基层应急管理单元为重点的响应的早期预警系统； 2. 在全国首次建立社区气象灾害灯光预警系统； 3. 近万个小区配备安全应急箱； 4. 在气象灾害应急预案中赋予社区志愿者参与清除道路积雪和障碍的义务； 5. 创建国家"综合减灾示范社区"	1. 落实了乡镇气象管理职位，积极推进乡镇气象工作站和气象协理员队伍建设； 2. 按照乡镇有分管领导、有协理员、有应急预案、有自动气象站、有预警接收设施"五有标准"推进基层气象灾害防御体系建设； 3. 在浙江省德清县推行气象防灾减灾基础设施和组织体系的综合评定及认证制度； 4. 普及社区的志愿者队伍建设	1. 开展防灾减灾宣传进社区活动； 2. 印制《防灾减灾宣传教育系列挂图》，分配到各个社区，以图带学传授逃生抗灾知识； 3. 逐步在每个社区配备一个灾害信息员，全面负责灾害发生后的应对及平时工作

续表

地区	北京	上海	浙江	重庆
防灾教育培训	1. 开设北京市民防灾教育馆; 2. 向市民发送《百姓气象灾害应急避险手册》; 3. 防灾教育走进中小学生课堂; 4. 气象部门网站设立灾害防御指引专栏	1. 免费开放上海民防科普教育馆; 2. 利用 3 年时间,编写完成 18 本民防系列培训教材并发放到市民,对市所有的居委会主任进行培训; 3. 将防灾自护安全教育渗透到学校教育教学中,并进行评价; 4. 推广防灾减灾教育片	1. 建设防灾教育基地; 2. 推广 3 种防灾教育形式,一是宣传＋展览型,二是教育＋实践型,三是宣传＋体验型; 3. 组织村民观看防灾宣传片; 4. 抓好防灾知识教育载体的创新工作,不断更新防灾教育教材形式	1. 在市气象科普馆开展防灾教育专题活动; 2. 在公园、街道等公共场所宣传防灾知识; 3. 举办全市应急管理领导干部防灾专题培训班; 4. 雷电灾害防御知识即将编入全市中小学教材

资料来源:中国气象局应急办公室 2008 年 11 月汇编的《全国气象部门应急预案编制现场会交流材料》

从表 2-1 中可见,和其他各省(自治区、直辖市)情况一样,北京、上海、浙江、重庆 4 个省(直辖市)政府都非常重视气象灾害的防御工作,在政府机构中设有专门的应急管理办公室,同时,不断加强防灾法制建设,发布了本省(直辖市)关于进一步加强气象灾害防御工作的实施意见,制定了省(直辖市)气象灾害防御的地方性法规,完善灾害性天气应急预案及防御规划;规范气象灾害预警信号发布与实施办法,设立专门机构协调各相关部门联动防灾救灾;积极开展社区等基础单元的防灾能力建设,加强防灾减灾的宣传教育培训工作,气象部门在重大气象灾害防御方面发挥了监测预警、提供防御策略等突出作用。另外,除了采取以上共同的基本防御措施应对气象灾害外,这 4 个省(直辖市)在气象灾害防御机制中还体现出以下特色。

(一)北京

北京市的气象灾害防御机制体现了全市综合协调、制度完备的特点。北京市把气象灾害应急预案定位为全市综合性保障预案,市政府按照应急管理工作的"一案三制"的要求,制订并完善有关灾害性天气应急预案和其他由气象灾害引起的突发公共事件应急响应预案。例如,除了制订《北京市气象应急保障预案》外,还针对首都突出的交通压力问题,制订了《北京市雪天道路交通保障应急预案》。在全国气象部门率先建成区域短信发布系统,实现特定区域短信预警信息的发布功能。在预警信息发布方面,实行分级发布制度。对于重大或非常重大的气象灾害,采取由北京市政府应急办发布的做法,增强了预警信号的权威性,加大了其预警作用,提高了防御效果。在应急响应状态下,严格执行加密值班制度、每日例会制度、业务运行零报告制度、天气会商制度和后勤保障制度 5 个制度,使灾害应急工作井然有序地进行。

在基层单元防灾能力建设中，除了稳步推进城市社区的防灾能力建设外，对农村灾害防御机制也进行了积极探索。市气象局与市民政局联合在 7 个山区（县）的 100 个重点防范的山洪、泥石流、滑坡等灾害易发危险村安装了暴雨报警装置，以加大北京郊县山区农村的灾害预警接收能力。此外，北京市还在密云县的石城、冯家峪两镇进行了气象次生灾害——山洪防御试点实践，总结出一套针对农村山洪防御的经验。例如，切实完善"县、镇、村、户"四级防汛责任制，并逐级签订责任书。统一制作了防汛"四包、七落实"[①] 明白卡，下发到全县易受山洪、泥石流威胁的险村险户，做到了每户一卡，卡上明确填写险户姓名、包户负责人及行政村负责人的姓名、联系电话，以及汛情警报、避险地点、避险路线，告知险户县、镇、村的防汛通信电话等。通过完善村村有信息员、雨中巡查、报警等制度和相关机制建设，在山洪防御中取得了突出成效。

（二）上海

上海市的气象灾害防御机制体现了科技防灾、预案齐全的特色。市政府以推进多灾种早期预警系统项目为抓手，完善应急处置机制，加强部门联动，不断提高气象应急管理能力。实现气象预警信息广覆盖，在全国首次建立社区气象灾害灯光预警系统，尝试利用区域性、标志性建筑物，通过变化灯光颜色等方式提示天气变化。加强气象信息"四进"（进乡村、进社区、进学校、进企业），已建立覆盖全市 8000 多个居民小区的"住宅小区灾害性天气预警信息发布平台"、1780 多所学校的应急信息发布系统、全市 10 个郊区所有村镇、农业部门、农技中心、种植养殖大户的农业气象信息发布系统。与市应急办一起建立了覆盖全市 19 个区（县）和各应急管理部门 2000 多名应急管理干部的多灾种预警信息发布系统。同时，以跨部门多灾种信息库建设为抓手，实现气象观测向综合观测转变；以跨专业预警技术开发和灾害评估系统建设为抓手，实现从天气预报向灾害预报转变；以部门预警联动标准化体系建设为抓手，实现单一性向综合性社会管理和公共服务职能转变；以实施社区安全计划和城市网格化管理为抓手，实现灾害信息全覆盖向综合性、功能性应用转变，并作为基本社会单元一体化的防灾解决方案；以政府应急指挥系统建设为抓手，实现防灾首要环节向灾前、灾中、灾后全程功能转变。

此外，上海市的气象灾害应急预案体系建设成果相当突出，是国内气象灾

---

① "四包、七落实"，即：县干部包乡、乡干部包村、村干部包户、党员包群众；落实转移地点、落实转移路线、落实抢险队伍、落实报警人员、落实报警信号、落实避险地点、落实老弱病残等提前转移人员。参见：邱瑞田．2012．国家防办山洪灾害防御试点总结．http：//www.chinawater.com.cn/ztgz/xwzt/yrwbfysh/zjgd/201206/t20120628.html［2012－06－28］。

害应急预案最为完备的地区。其预案体系以气象灾害种类为脉络，除了制订综合性的《上海市处置气象灾害应急预案》外，针对不同的气象灾害种类，分别制订了《上海市处置大雾灾害应急预案》《上海市处置雨雪冰冻灾害应急预案》《上海市处置大风灾害应急预案》《上海市处置雷电灾害应急预案》《上海市应对高温天气应急预案》等各类主要气象灾害应急预案，极大地细化了应急措施，加大了预案的可操作性。

（三）浙江

浙江省气象灾害防御工作体现了注基层建设、重防御规划的特点。浙江省气象局在建立基层气象灾害防御管理机制方面做了有益的尝试，初步建成了"政府主导、部门联动、社会参与"的基层气象防灾减灾体系。进一步完善基层气象灾害预警与应急响应机制，加强乡级气象信息站建设，建成"预案到村、预警到户、责任到人"的基层气象灾害防御体系，形成以农村气象信息员为主体的基层气象灾害防御队伍。部分市县召开了气象防灾减灾会议，成立了气象灾害应急领导小组，明确了乡镇气象分管领导，落实了乡镇气象管理职位，积极推进乡镇气象工作站和气象协理员队伍建设。按照乡镇有分管领导、有协理员、有应急预案、有自动气象站、有预警接收设施"五有标准"推进基层气象灾害防御体系建设，建成了 54 个乡镇气象工作站，农村气象协理员人数超过 16 000 人，覆盖 94％的乡镇。编写协理员管理办法、工作手册、培训教材，完成了协理员信息管理系统建设的研发。重点加强社会信息接收系统建设，部分地区的接收系统纳入新农村规划。完成小区广播试验。气象预警短信接入农村广播系统。完善紧急异常气象灾害预警信息发布平台。建成了以公共媒体气象信息发布系统、短信声讯气象信息发布系统、农村（社区）气象信息发布系统、海洋气象信息发布系统为主的，融常态气象信息发布和应急气象信息发布为一体的气象预警信息发布平台。推进制度创新，2008 年年初，浙江省德清县出台了全国首个气象灾害应急准备计划——《气象灾害应急准备工作管理办法》，通过对全县各乡镇和各单位的气象防灾减灾基础设施和组织体系进行综合评定，给予有关乡镇和企业行政表彰或保费优惠措施，促进单位加强气象灾害防御的自觉性与积极性，增强气象防灾减灾能力，已有多家单位申报认证。2009 年 10 月 15 日，中国气象局局长郑国光亲自为德清全国新农村建设气象工作示范县正式授牌，全面推广"德清模式"。

浙江省在基层单位的气象灾害应急预案、防御规划方面始终走在全国的前列。目前，已基本形成了涵盖冰雪、台风等气象灾害，以及化学事故应急救援保障、反恐怖袭击和紧急情况处置预案等的较为完善的应急预案体系，各地乡镇、街道气象灾害应急预案编制工作稳步推进，部分乡镇已编制了多个应急预案。启动了省、市、县三级气象灾害防御规划编制工作，完成台风灾害风险区划，为基层防灾减灾工程设施建设和决策部门指挥抗灾避灾提供科学依据。

（四）重庆

重庆市的气象灾害防御突出立法先行、重规范的特色。2002年，重庆市出台了中国第一部气象灾害防御方面的地方性法规《重庆市气象灾害防御条例》，这标志着重庆最早将气象灾害防御提升到法律的高度。近年来，重庆市一直注重防灾法律体系建设，先后出台了《重庆市气象灾害预警信号发布与传播办法》《重庆市防御雷电灾害管理办法》等地方性法规。并摸索出了一套较为完整、适用的应急规程，将此规程用于完善气象灾害应急预案体系。除了市政府制订的《重庆市森林火灾应急预案》《重庆市高温中暑应急预案》外，气象部门积极制订了《重庆市气象局突发气象灾害应急预案》《重庆市气象局雷电灾害应急处置预案》《重庆市气象局气候灾害应急预案》等一系列应急预案。有效地完善了应急响应备战、突发公共事件信息报告和应急响应启动、应急气象服务信息流程、应急气象服务产品构成、应急任务解除与撤离、应急任务解除后的工作、应急任务解除后的后勤保障等规定。通过规范防灾程序，重庆市气象局在"12·23"开县井喷、2006年高温干旱等多次重大突发公共事件和重大气象灾害防御中，与政府及有关部门一起应急响应联动，协同作战，为减少灾害损失发挥了重要作用。特别是2010年以来，重庆市永川区气象局在政府的大力支持下，围绕农业气象服务体系和农村气象灾害防御体系"两个体系"建设，创建了自然灾害应急联动预警体系"永川模式"，先后受到重庆市政府和中国气象局领导的充分肯定，现正在向重庆市各区（县）乃至全国示范推广。

第三章 气象灾害防御个案分析

第一节 成功个案分析

气象灾害种类很多，在沿海地区台风灾害是最严重的气象灾害。从管理学角度看，借助战略管理理论的 SWOT 分析方法，结合典型的台风个案对灾害管理所面临的优势、劣势、机遇和威胁等因素进行四维分析，可寻求科学的管理途径和高效的战略行动，实现提高灾害防御能力、降低灾害风险的目标。海南地处热带低纬地区，素有"台风走廊"之称，是中国受热带气旋影响最为频繁、热带气旋活动期长、危害最大的地区之一，台风也是对海南造成气象灾害最多且最严重的热带天气系统。据海南省气象局统计，1949～2008 年共有 405 个热带气旋影响海南，其中有 140 个登陆，登陆海南的热带气旋占登陆中国的 20%，占登陆华南的 35%。在近 30 年中 0518 号台风"达维"是最严重的台风。本书以此台风灾害为例，利用战略管理理论方法对其灾害管理进行分析，以寻求更有效的灾害防御机制。

一 战略管理的 SWOT 分析法

SWOT 分析法是综合考虑组织内部条件和外部环境的各种因素，进行系统分析评价，进而选择最优战略的常用方法。它是由哈佛商学院的 K. J. 安德鲁斯教授于 1971 年在《公司战略概念》一书中首次提出的。其中，S 代表优势（strength），W 代表弱势（weakness），O 代表机会或机遇（opportunity），T 代表外部威胁（threat）（陈振明，2004）。

SWOT 分析法通常把研究对象及其竞争对手分别视为一个系统，研究它们在要素、结构及活动过程方面的特性。要素分析主要包括人、财、物、技术、管理等方面；结构分析主要指系统各要素或该系统内部各组成部门在联结方式上的协调配合；活动过程分析是将研究对象的整个活动过程分解为若干相互之间有联系的子过程来进行分析，通过确立有效的战略措施，促进各阶段发展过程的相互衔接和持续发展（龚小军，2003）。

由于灾害的发生和发展有生命周期，灾害的管理也是一个相互衔接、相互影响的活动过程。所以，本书利用 SWOT 方法对典型灾害个案的管理活动进行分析，主要从以下三方面着手（张沁园，2006）。

（一）分析环境因素

运用调查研究方法，对组织的内、外环境因素进行系统分析。其中，组织的优势、劣势分析也叫做内部环境分析，进行内部环境分析的目的是为了明晰组织的核心能力；组织的机会和威胁分析也称为外部环境分析，它是指组织的外部条件及未来取向，进行外部环境分析是为了识别组织所面临的机会和威胁（Bryson，1995）。据此，本书中把政府、气象组织及相关部门在管理活动中的行为等主观方面的因素确定为内部能力因素；把外部条件、外界经验、孕灾环境、灾害特性等相对宏观范畴的因素确定为外部环境因素。

（二）构造 SWOT 矩阵

根据四维因素的轻重缓急或影响程度等排序方式，构造包含优势和劣势、机会和威胁的 SWOT 矩阵，清晰地展示与管理活动相关的有效信息，运用系统分析的思想，进行不同要素的匹配选择，得到优势-机会（SO）战略、弱势-机会（WO）战略、优势-威胁（ST）战略、弱势-威胁（WT）战略等不同组合。

（三）战略实施与控制

当出现 WO、ST 等战略矛盾组合，即战略目标、意图与现实条件不一致的情形时，需要制定相应的战略措施，以激励组织保持或增强优势来规避或弥补与之有关的劣势，创造和利用外部机会来转化或减轻外部环境的威胁，促进战略目标的实现。

二 台风的有关概念

台风是热带气旋中的一种。它生成于热带或副热带洋面上，是具有有组织的对流和确定的气旋性环流的非锋面性涡旋的统称。从 2006 年 6 月 15 日起，按照新的《热带气旋等级》（GB/T 19201—2006），热带气旋分为热带低压、热带风暴、强热带风暴、台风、强台风和超强台风 6 个等级，具体划分见表 3-1。

表 3-1 热带气旋等级划分表

热带气旋等级	底层中心附近最大平均风速/（米/秒）	底层中心附近最大风力/级
热带低压（TD）	10.8～17.1	6～7
热带风暴（TS）	17.2～24.4	8～9
强热带风暴（STS）	24.5～32.6	10～11

续表

热带气旋等级	底层中心附近最大平均风速/（米/秒）	底层中心附近最大风力/级
台风（TY）	32.7～41.4	12～13
强台风（STY）	41.5～50.9	14～15
超强台风（SuperTY）	≥51.0	16 或以上

资料来源：《热带气旋等级》（GB/T 19201—2006）

三 对 0518 号"达维"台风的 SWOT 分析

（一）台风事件回顾

1961～2008 年，登陆海南的热带气旋有 109 个。其中，中心风速达到 50 米/秒以上的台风只有 6024 号、7314 号、7423 号和 0518 号台风 4 个（海南新闻网，2005）。7314 号台风是新中国成立以来强度最强、破坏力最大的台风，登陆琼海博鳌时其中心附近最大风速 60 米/秒，瞬间最大风速达 70～80 米/秒，共夺去 926 人的生命，造成全岛 11.37 万户受灾，6000 多人伤残，将登陆点琼海县夷为一片废墟。这正是由于当时的时代背景下，7314 号台风的监测预报出现明显疏漏、预警防范相当不足、防台措施基本空白，才使其对没有任何准备的受灾群体造成了巨大伤害。随着"以人为本"安全理念的转变和现代科技的发展，人类对气象灾害控制、防御的能力及程度都不断提高，使同等或相近规模的气象灾害造成的经济损失占 GDP 的比重呈下降趋势，尤其是死伤人数大大减少（胡玉蓉，2005）。本书选择风力强度仅次于 7314 号、而登陆路径相似的 0518 号台风"达维"（图 3-1）进行研究，从中分析其与 7314 号台风灾害防御的差异及其成功之处。

图 3-1　0518 号台风"达维"路径图

资料来源：蔡亲波 . 2013. 海南天气预报技术手册 . 北京：气象出版社

2005 年 9 月 26 日凌晨 4 时，0518 号台风"达维"在海南省万宁市山根镇沿海登陆。登陆时中心附近最大风速 45 米/秒，最低气压 93 000 帕，先后途经万宁、琼中、白沙、昌江、东方 5 市县，于 26 日下午 5 点从东方进入北部湾（台风路径见图 3-1）。全省陆地普遍刮起 11～12 级大风，8 级以上大风持续长达 20 小时以上，大部地区出现暴雨到大暴雨，海南岛中部和南部有 5 个市县出现特大暴雨，过程最大降雨出现在五指山市，中心雨量达 631 毫米。

狂风骤雨使海南岛的陵河、昌化江等多处河流暴涨、江岸决堤，多宗水库出现险情；全省农作物受灾 77 万公顷，其中 80％以上的橡胶被摧倒和折断，75％的香蕉被毁，50％的水稻绝收，粮食减收 2.7 亿多千克；水产养殖损失面积 10 800 公顷、产量 2.2 亿千克（吴钟斌，2005）；电力、水利、交通、通信、公路及城市等基础设施破坏严重，尤其是电网深受重创。26 日凌晨 1 时左右全省大面积停电，网内所有电厂都跳闸，电网系统全面瓦解，并造成供水停止、通信中断，使海南人民的正常生活陷入危机，这在我国供电史上尚属首例（央视经济信息联播，2005）；27 日凌晨 1 时左右，受台风影响形成的龙卷风突袭临高县，造成 6 人死亡（李小郭，2005）。

0518 号台风共造成全省 21 人丧生（其中龙卷风造成 6 人死亡），倒塌房屋 3.21 万间，18 个市县 222 个乡镇的 630 多万人受灾，相当于海南省总人口的近 80％；直接经济损失 116 亿元，相当于全省 GDP 的 1/7（纪燕玲和李丹，2005）。而且还有大量无法估算的间接经济损失，比如，全省 80％的橡胶被毁，而橡胶一般要在种植 10 年之后才能收割并取得收益，这意味着，一场台风使橡胶业倒退了 8 年以上。财产损失之巨大、影响范围之广泛，在海南历史上都是少有的。

台风登陆后的山根镇一片狼藉，到处是被吹散的房子，有的只剩下围着的四面土墙，有的甚至只剩下地基。"海南农民的房子都是这样，因为这种房子便宜，只要 3000 元左右的原料，自己砌就可以了。我们也觉得这种房子台风一来就要倒，但是没办法，我们种地种个十几年最多就能攒个 3000 多元，而且建得好也不一定有用，这里的房子如果要所谓的牢靠，不仅要能抗风还要能抗水淹，像我们这些农民大都住在水库旁边或下游，只要台风一大，水库就要泄洪，房子估计也难保住，所以就只好这样了，每次大台风一来整个村子都要逃。"住在山根镇的村民如是说。

万宁市水务局时任局长符忠英讲述了台风登陆前的惊魂："16 级以上台风意味着所有瓦房都不能承受。我们赶忙上报上级，上级于是紧急发了文，要求所有人员必须在 22 点前赶快从瓦房土屋中撤离，也就从那个时候开始整个万宁陷入一阵忙乱。风夹着雨吹得人都站不稳，在那些瓦房前一个一个敲门动员，其实心里慌得紧，生怕房子在你说话的时候就倒下来，还有很多人死活不走，最后我们干脆出动武警强架出来,从 21 点到 24 点短短 3 个小时总共撤离了 7 万多人。事实上这是非常及时和明智的,整个海南被风吹倒的房子就有 3 万多间,如果那个时候没有撤离的话,可能就要死伤 12 万人左右。"

(二)影响因素分析

1. 内部优势

(1)防风抗台管理模式的有效发挥。省政府 1999 年颁布的《海南省防风防洪工作预案》指出,海南省的防风防洪工作由省防汛防风防旱总指挥部(简称"三防")统一指挥、协调。其中,总指挥由分管副省长担任,副总指挥由海南军区副司令员、政府办公厅副秘书长、水务局局长担任,总指挥部下设办公室挂靠省水务局。气象部门作为成员单位,主要负责对台风等灾害性天气的预测和预报,并及时将预警信息向省政府和"三防"指挥部报告,再由省长或"三防"指挥部指挥长直接组织协调各有关部门做好防风防洪的各项准备。由于防风抗台的组织管理有直接的领导部门,预测灾害极有可能发生或灾害即将来临时,能及时组织预警防范工作(海南省人民政府,2006a)。

(2)监测早、预报准、发布快。9 月 21 日,"达维"生成于菲律宾东北部洋面,并逐渐向中国东南部沿海移动。虽然其强度还比较弱,但由地面观测网、高空探测站、天气雷达、卫星遥感等构成的立体气象监测系统还是发现了它的踪迹。监测到的数据显示,"达维"在距海南约 1000 千米的海面上,中心最大风力 9 级,风速 23 米/秒。

通过对国内外各种天气资料的缜密分析,海南省气象台于 9 月 21 日上午大胆做出"进入南海后将加强为台风并可能登陆海南"的准确预报,提前 5 天对登陆台风进行预报,在海南台风预报史上还是第一次。在及时向省委、省政府作紧急汇报的同时,下午通过媒体向社会发布了"达维"消息,并从 17 时开始启动重大天气每 3 小时一次的增播机制。22 日下午,"达维"刚进入南海东北部海面,又提前 4 天预报出"达维"将在海南登陆的消息及移动路径和登陆时间、强度等。省气象台在向政府部门发送的第 2 份重大气象信息快报中指出:热带风暴"达维"可能加强成为台风,以后继续向偏西方向移动,逐渐向海南省东北部海面靠近,并有可能于 25 日夜间到 26 日白天在海南岛东北部到雷州半岛一带沿海地区登陆,将对海南造成严重影响,建议海上船只提早回港避风,提醒公众注意做好防台工作。随后,海南省气象台每天召开 1 次新闻发布会,每天给政府部门实时发送重大气象信息快报 1~2 份,并连续通过 12121 声讯电话、手机短信、电视、广播、网络、报纸、电视飘飞字幕等多种方式向社会公众及时通报"达维"的最新动态及专家建议。24 日 16 时发布"达维"已加强为台风,将正面袭击海南省的警报后,开始每小时报告台风位置及其变化情况,并每天 7 次滚动发布台风警报。25 日下午当监测到"达维"台风的中心风力已加强到 50 米/秒时，省气象台于 16 时准确预报了台风即将登陆的地点、时间及强度。据统计，22～26 日，气象部门共发布各类警报 186 份，发送重大气象信息快报 10 期，提供各类预报 3305 次。

（3）预警及时。海南省气象局于 9 月 24 日 18 时启动了气象部门重大气象灾害 Ⅱ 级预警响应机制，实行 24 小时主要负责人领班制度，全程跟踪台风的发展、变化情况；24 日 20 时省气象台发布了台风橙色预警信号；25 日 17 时 46 分，省气象台将台风橙色预警信号变更为最高级别的红色预警信号，23 时 50 分，再次向全省发出台风来袭的红色预警，还通过媒体连续向社会广而告知，并在重大气象信息快报和新闻发布会上指出："达维"是海南建省以来，影响强度最强的台风，其强度之强，在近几十年来也不多见，强台风"达维"的登陆将对我省产生非常严重的影响，请有关部门注意做好防范工作。海南省时任省委书记汪啸风在省委、省政府 9 月 23 日召开的防台工作紧急部署会议中指出："气象部门对 0518 号台风的预报宣传及时到位，使全社会能提早认识到当前形势，消除麻痹思想。"

（4）防范有力。省委、省政府根据气象预警预报和专家建议，在 23 日下午，即台风登陆前的 60 多个小时，开始着手对第 18 号热带风暴"达维"做出紧急部署。省政府严令，各市县、各乡镇和有关部门要实行 24 小时值班，保证防风防汛政令畅通；台风登陆的万宁市 4 套领导班子成员全部靠前指挥。台风影响前后，全社会有 90 多万用户拨打 12121，日平均登陆海南省气象局公益网站人数近 15 000 人。

（5）相关部门的迅速响应、协同配合。各部门按照省委、省政府的紧急部署，抓紧落实水库工程各项安全度汛措施，抓紧抢收已经成熟的农作物，抓紧组织对危房、危险校舍和高空悬挂物的加固等，海上搜救中心、渔政渔监、边防、海警等认真做好各项准备，随时投入抢险救灾中去。以危险地区人员的安全转移为重点，全省共计提前紧急转移 21 万多人，提前回港避风 1.5 万多艘渔船。

全省电网瘫痪后，电力部门紧急启用"黑启动"方案获得成功，仅 85 分钟后第一个电厂就开始逐步恢复供电，4 个多小时的时间，5 个电厂都启动起来，这是我国电网除演习之外，首次电网"黑启动"成功（赵叶苹和刘华，2005），有效缓解了公众的恐慌心理，稳定了社会的正常秩序。

2. 内部弱势

（1）陆地气象观测站点稀疏。2006 年，全省由国家布局的陆地地面气象观测站仅有 21 个，无法提供空间密度大、时间尺度短的实时气象信息。0518 号台风影响期间，气象部门实际测到的最大风速仅为 35 米/秒，远低于其真实风速；也由于点少站稀，探测范围小且间隔时间长，临高县出现的龙卷风等局地强对流灾害天气成了"漏网之鱼",给准确预报和及时预警带来较大困难。

（2）海洋气象监测系统薄弱。海南省海域面积 200 多万平方公里,但在 2007 年前一直没有海上气象观测站,主要通过卫星、雷达等现代化设备对海上热带气旋的发生发展动态实施监测,这对台风路径、动向的判断有所帮助,却无法获取台风在海洋上的实际风速等资料。实际上,气象部门对外预报的台风风速并不是直接测量出来的,而是根据卫星资料推算得到的,必然与登陆的实际风速存在一定误差,给海上防风和陆地防台工作带来很大的盲目性。

（3）预报精准度和把握性不高。对 0518 号台风的定位中,从 9 月 22 日 16 时做出较为准确的"热带风暴将可能加强成为台风,逐渐向我省东北部海面靠近,并可能于 25 日夜间到 26 日白天在海南岛东北部到雷州半岛一带沿海地区登陆"预报后,受现有监测手段、技术能力的制约,特别是由于台风移动忽快忽慢,先基本保持每小时 10～15 千米的移动速度,从 23 日下午到 24 日 16 时的 20 多个小时内,"达维"只移动了约 300 千米,但紧接着的 3 个多小时快速移动了 400 多千米;而且台风走向忽北忽南,先基本都是朝西北偏西方向移动,但 24 日 01 时加强为强热带风暴后,路径持续 26 小时南掉,至 25 日 06 时后又转向偏西方向移动,从而加大了预报的难度,导致对台风强度、登陆时间及地点的预报及对外发布出现了 3 次较大波动。例如,23 日 16 时预报认为"达维"可能提前在 24 日夜间到 25 日白天,在陵水、万宁到广东电白一带沿海地区登陆;而 24 日 09 时认为"达维"预计在 25 日下午到夜间,在海南东北部到雷州半岛一带沿海地区登陆,最大可能在本岛琼海到文昌一带沿海地区登陆;25 日 11 时预报,25 日夜间到 26 日上午在本岛陵水、万宁到文昌一带沿海地区登陆。虽然最终得到了较为准确的登陆预报,但灾害性天气产生、发展、消亡的内在原因和环境条件,以及对台风的物理成因、形成机理和运动规律的认识还有待深入研究。

对龙卷风等突发灾害性天气的可预报性仍缺乏系统研究,对台风影响的风雨分布、滑坡和泥石流地点等的短期预报也具有相当大的朦胧性。

（4）预警信号缺少法律权威。海南省气象局制作灾害性天气预警的根据是中国气象局第 16 号令《气象灾害预警信号发布与传播办法》,这个办法仅属于气象部门内部的规范性文件,缺乏法律效力和强制约束力,公众的关注度和采取相应防范措施的意识大大降低。例如,在 0518 号台风"达维"登陆前,气象部门发布了台风红色预警信号,这意味着全省处于特别紧急状态,除特殊行业外,应当停业、停课,人员尽可能待在防风安全的地方。但台风登陆当天,仅海口市中小学、幼儿园停课一天,大部分单位依然按时上班,引发市民不满,也埋下安全隐患。

3. 外部机会

（1）政治环境。《海南省国民经济和社会发展第十一个五年规划纲要》（2006年）明确指出："加强防灾减灾能力建设"，并专门强调"加快构建台风、地震、海啸、旱涝等自然灾害综合防御体系，努力提高防灾减灾能力。完善气象监测网建设，提高对台风、暴雨、干旱等灾害性天气的监测预报水平"。这对加强气象灾害管理，提高全社会的灾害防御意识都提出了更为迫切的要求。

（2）社会环境。海南省成立于1988年4月26日。建省前的1987年，全省地区生产总值仅57.3亿元，工业化水平、城镇化水平、城乡居民收入在全国都处于较低水准。但通过十几年的开发建设，现已初步形成"一省二地"即新兴工业省和热带高效农业基地、热带海岛休闲度假胜地为特色的产业格局。

据海南省统计局发布的《2006年海南省经济和社会发展统计公报》：2006年，全省地区生产总值达到1052.43亿元，历史上首次超过千亿元大关；地方财政收入达到102.29亿元，提前一年实现突破百亿元的目标。全省在岗职工年平均工资为15 742元，城镇居民家庭恩格尔系数为43.5%，农村居民家庭恩格尔系数为53.4%；新型农村合作医疗参合率为86.03%，比全国规定时间提前2年基本实现新型农村合作医疗制度全覆盖，城乡居民生活质量得到进一步提高。海南的经济发展已经由20世纪90年代的"快而不好"成功转变为健康稳定较快发展的新时期，人民群众也从经济社会发展中得到了实惠。社会经济的快速发展为加大防灾减灾投入提供了条件。

（3）政策法规环境。《中华人民共和国气象法》于1999年10月31日经第九届全国人大常委会第12次会议通过，从2000年1月1日施行以来，为依法规范气象工作的管理，提供了法律依据和保障。

《海南省实施〈中华人民共和国气象法〉办法》于2001年11月29日经省二届人大常委会第24次会议通过，于2002年1月1日起施行，是海南省唯一的一部地方性气象法规，也是气象部门从内部管理为主向社会管理、行业管理转变的标志。

中国气象局于2007年6月12日发布实施《气象灾害预警信号发布与传播办法》及附件《气象灾害预警信号及防御指南》。根据台风、暴雨、寒潮、沙尘暴、雷电等14种气象灾害的天气特征和预警能力确定了各自的预警信号级别、标准及防御指南。根据气象灾害可能造成的危害程度、紧急程度和发展态势一般划分为4个等级，颜色依次为蓝色、黄色、橙色和红色，分别代表一般、较重、严重和特别严重。

4. 外部威胁

（1）孕灾环境。从狭义上说，孕灾环境是酝酿致灾因子的环境系统（李世奎, 1999)。台风发生在特定的时空范围内, 对孕灾环境的分析主要选择地理位置、地形地貌进行重点分析。

海南岛位于 $18°10'N \sim 20°10'N$、$108°37'E \sim 111°03'E$, 处在中国最南端的南海之中。南海是夏季热带气旋的发生发展区域, 也是西太平洋热带气旋向西移动的必经区域, 素有"台风走廊"之称。

海南岛以雄踞于中部的五指山、鹦哥岭为隆起核心, 向外围逐级下降, 形成中间高耸、四周低平的环形层状地貌 (高素华等, 1988)。这种地形地貌, 使全省东南沿海成为台风的迎风面多雨区, 且河短坡陡, 水流湍急, 江河暴涨暴落。为了充分利用台风雨形成的地表水资源, 全省在相对高的山坡都修建了水库, 以保证一定区域内的生产、生活用水, 但由于村庄和作物区一般都集中在这些水库下面, 这使海南陷入一个尴尬的生存逻辑: 没有台风则旱象严重; 但有了台风, 其携带的强降水又使依靠水库生活的人群处于危险境地。

海南北部海岛狭窄、地势低, 容易引起巨大的风暴潮, 0518 号台风影响期间, 北部的临高、澄迈海水倒灌非常严重; 南部的三亚、乐东山地居多, 而强雨区正好在南边的五指山、三亚、乐东, 容易造成山洪暴发。这次台风之所以重创海南, 在于它的分布刚好击中我们的软肋。

(2) 人类活动的影响。50 多年来, 受工业化、城镇化、过度开采、乱砍滥伐、毁林养虾等的影响, 海南省红树林面积减少了 53.7%; 水土流失面积达 2.2 万公顷, 荒漠化面积 10.6 万公顷; 原始林覆盖率从 1950 年的 35%, 下降到建省前 1987 年的 7.2%, 现在仅有 4%左右 (海南省人民政府, 2006c)。自然资源的过度消耗和生态服务功能的持续下降, 会影响地表下垫面活动层的状况和大气成分, 进一步增加了气象灾害的出现频率、影响范围和风险的可能性。

(3) 台风强度强, 登陆前征兆不明显。0518 号台风是继 1974 年以来最强的一次台风影响过程, 兼具移动飘忽不定、影响范围大、路径曲折复杂、陆地滞留时间长等特点。由于台风强度非常强 (中心附近最大风力 55 米/秒)、结构紧密不松散、登陆前的征兆不明显, 容易造成思想麻痹。

(4) 规划指导和风险评估缺位。由于缺少气象灾害防御规划指导, 沿海城市的防风、抗台、抗洪标准不高, 农村的情况更为严峻, 多数民房结构脆弱, 多为黄土黏合两面砖头垒成, 不具备抗台能力, 一遇强台风易造成吹散、倒塌等灾害事故。

现有的农业产业布局主要从经济利益出发, 凭主观经验判断, 对灾害的适应能力较差。比如, 橡胶现在是全省普遍推崇的经济作物, 但由于种植周期长达 10 年, 无论种植区域, 还是品种品系的选择, 都应当在正确的气象灾害防御规划指导下进行, 否则, 盲目发展意味着灾害降临时的不堪一击, 一如 0518 号台风的惨痛代价。

依照国家规定的沿海电网设计标准，海南电网的实际最大抗风能力仅35米/秒，校核值40米/秒。而"达维"台风高达55米/秒的最大风速及持续20多小时的8级以上大风，远远超过了其设计标准和承受能力。而且由于琼州海峡的分割，海南电网处于孤立运行状态，一旦崩溃，周边省市的支援比较困难。因此，根据海南实际对电网建设和改造项目开展气象灾害风险性评估，做好事前的技术经济分析论证，才是解决电网问题的根本。

（三）0518号台风的SWOT矩阵

通过前面的分析可以看出，在0518号台风的组织管理中，提前长达5天的有效预报为防灾抗灾抢得先机，使整个社会有充分的时间进行超前组织并做好应战准备，大大降低了灾害风险可能带来的负面影响。尤其是抗台管理模式的有效运作功不可没，不仅体现了政府的预见性，而且使气象部门的技术能力得到充分展示，劣势影响得到一定控制，在降低人员伤亡、减轻灾害损失方面发挥了积极作用。但由于超强台风的破坏力是目前技术能力难以克服的，而且还受到其他一些因素的干扰和影响，造成的经济损失是巨大的。0518号台风管理活动中，其战略定位确立为优势-威胁（ST）战略，即优势与威胁是其战略选择的决定性因素。

对任何组织或管理活动来说，只有优势-机会（SO）战略才是最理想的战略选择。要使ST战略达到能够采用SO战略的状况，需要通过改善内部劣势，促使其向优势方面转化，来不断提高管理能力；通过努力降低外部环境的威胁，来不断完善外部环境，从而使优势与机会成为其战略选择的决定性因素，在战略实施和控制过程中达到最佳状态，真正实现降低灾害损失的目标。0518号台风的SWOT矩阵见表3-2。

表3-2　0518号台风的SWOT矩阵

外部环境因素　　　内部能力因素	优势——S 防风抗台管理模式 监测早、预报准、发布快 预警及时 防范有力 相关部门的协同配合	弱势——W 陆地气象观测站点稀疏 海洋气象监测系统薄弱 预报精准度不高 科学研究有待深入 预警信号缺少法律权威
机会——O 社会经济的快速发展 气象法律法规保障		
威胁——T 孕灾环境 人类活动的影响 强台风的特性 规划指导缺位	优势-威胁（ST）战略	

四 提高防台抗台能力的战略措施

面对台风等重大气象灾害，除了注重加强抵御研究外，通过先进的技术、现代化的手段实时监测分析大气变化，把握灾害性天气产生、发展、消亡的内在机理和环境条件，精确判断各类致灾因子的强度等级、移动路径、影响区域、衰减过程，是有效降低或规避灾害风险的最明智的应对措施。

（一）建立地面、海洋无空白监测系统

自然界是一个开放的复杂系统，许多作用和现象包括气象灾害的产生都具有混沌特征。而混沌理论告诉我们，初始条件的微小差别都能产生大不相同的后果，偶然的预测不敏感或者初始条件的微小失误都会引起很坏的影响。

虽然人类还无力直接阻止台风等气象灾害的发生，但是可以通过加强对初始值的加密跟踪监控，来捕捉致灾因子可能出现的前期征兆，而项目齐全、密度适宜、布局合理、立体综合、自动化程度高的灾害监测系统是及早发现、应对并控制灾害扩大、曼延的第一步和重要一环。

借鉴0518号台风防御中气象部门暴露的监测体系方面的劣势，可通过在陆地乡镇、农场、水库、旅游景点、高速公路及主要江河流域的中尺度自动气象观测站的建设，使全省农村地面常规观测站网密度达10千米左右，城市地面观测站网密度达4千米左右，实现对中小尺度天气系统特别是灾害性天气的加密观测；通过在南海海域布设海洋浮标自动气象站和增设海岛自动气象站等海洋气象监测网的建设，提高海上灾害性天气的预报时效、预报精度和预警能力。同时，在强灾害天气频发区和气象衍生灾害易发区增设特殊观测站，跟踪台风、突发性暴雨等局地强对流天气的强度、移动路径、风雨分布等。

（二）建立精细、定量无缝隙预报系统

准确的预测预报是灾害管理前期准备和各级减灾应急响应的科学依据。世界气象组织/联合国教科文组织组织的世界减灾大会分论坛的宣言也提出，致灾因子预测能力的微小提高，可能对社区或国家经济社会可持续发展产生巨大好处（范宝俊，2000）。

深入研究致灾因子的物理成因、形成机理和运动规律，发展适用于海南的中尺度数值预报技术、数值预报产品解释应用技术、集合预报技术，以及对雷达资料、卫星资料等各类观测资料的分析研究和解释应用技术，建立起融合雷达监测、高分辨率自动站监测、卫星探测等资料与中尺度数值预报产品的不同灾种的临近预报业务系统，开发不同层次、不同时空尺度的灾害预测预报模型，对灾害性天气的影响时间、地点、强度及危害程度开展准确、及时、精细的"无缝隙"预报；延伸气象灾害预报产品的适用领域。例如，研究引发不同等级山洪的临界降水条件，建立包括城市排水系统在内的城市积涝预报模式；根据气象灾害强度的预报，开展大风引发的浪、风暴潮、船、桥梁和建筑物的危险度预报等，使灾害管理更具针对性。

（三）建立立体、综合无障碍预警系统

传统的天气预报只起信息公告的作用，而权威性的"预警信号"则相当于应急预案的行动指令，既是应急响应启动的"警示灯"，也是各单位采取应急防灾措施的第一指标。

预警系统是在灾害监测、预报的基础上，客观分析危险性天气的威胁现状和发展趋势，对可能受影响的区域发出相应的预警信号，并提供针对性的防御措施建议，以引导风险对象及时采取有效、恰当的响应措施来降低风险（毛夏，2005）。

中小尺度气象灾害的影响范围是有限的，即使对台风这样的大尺度天气系统，对全省甚至某个市县不同区域的影响程度也是有差异的，需要根据致灾因子及环境状况等的指标显示，决定不同区域的预警级别，开展分区、分片、分点预警服务，不仅提供致灾因子发生的频率、速度、地点、时间等信息，还可通过气象灾害信息咨询服务平台数据库中有关灾害影响区域的社会经济发展状况等资料，利用地理信息系统技术，估算致灾因子的潜在影响强度及社区的易损性，提出有针对性的减灾行动方案，供指挥中心决策，从而降低局部气象灾害对整个区域社会正常运行的冲击，有效提高抵御气象灾害风险的能力。

同时，为保障气象灾害预警信号发布与传播的权威性、合法性、严肃性，有必要将预警信号发布规定完善上升为地方法规或政府规章，使全社会（包括政府、各部门、团体、个人等）在收到灾害信息后能在思想上引起高度重视，并有效采取及时合理的响应行动，充分发挥预警信号对保护人民群众生命财产安全、保障经济发展、维护社会稳定方面的指导作用。

（四）组织编制气象灾害防御规划

在多台风的琼岛发展农业，必须充分考虑致灾因子的制约、承灾体的特性，应当在对不同类型致灾因子进行普查、预测和影响评估的基础上，组织编制气象灾害防御规划，包括气象灾害易发区域和重点防范区域，各类致灾因子的防御要求、措施及有关部门职责，工程与非工程性防御措施，社会联动机制，技术支持，物资设备供应，救灾与灾后重建等事项；并在防御规划的指导下进行产业布局，以合理利用气候资源，取得良好的社会、经济、生态效益。

（五）建立气象灾害风险性评估制度

随着经济发展和科技进步，社会对气候及其变化的敏感性、依赖性日益增强。合理利用气候资源，趋利避害，最大限度地实现天人合一，可取得良好的社会、经济、生态效益。为确保经济建设的持续快速发展，应当对开发利用规划、土木工程、道路桥梁、通信电网等基础设施建设、区域开发等项目开展气象灾害风险性评估，提出预防或减轻气象灾害影响的对策、措施及技术经济分析等。

第二节　失败个案分析

在全球变暖的大背景下，气象灾害趋向于具有复杂性、综合性和不确定性，特别是群发性、链发性突出，一些局部灾害若不及时控制，往往会迅速蔓延，酿成全局性危机。本书以强风引起的海南省陵水县分界洲岛翻船事故案为例，采用时间序列分析法，来审视气象灾害管理中存在的问题，希望通过流程再造进一步改善和提升管理能力，以更好地满足公众的安全需求，提高防灾减灾的效率。

一　时间序列分析法

危机管理学家斯蒂文·芬克对危机的发生发展提出了影响广泛的"四段论"模式（Fink，1986），中国学者薛澜等从时间序列分析角度也将危机的发展演变过程界定为 4 个阶段（薛澜等，2003）。突发气象灾害作为一种由自然因素引起的公共危机事件，其生命（发展）周期也可概括为 4 个时期：第一是前兆期，即突发气象灾害发生前各种先兆出现的阶段，也是灾害处理最容易的时期，但最不易引起警觉；第二是突发期，即突发气象灾害急速发展、出人预料和严峻态势出现的阶段，也是 4 个阶段中时间最短、但感觉最长的时期，而且极易对人们的心理造成严重冲击；第三是延续期，主要是控制、纠正突发期造成的影响；第四是解决期，事件得到了完全解决，政府或组织从事件的影响中解脱。

以灾害发生发展的时间序列为前提，根据演变过程的不同特征，灾害管理过程相应划分为 4 个阶段：准备阶段、预警阶段、控制阶段和恢复阶段，并针对存在的突出问题制定对策措施。

二 强风引起翻船事故的时间序列分析

（一）陵水分界洲岛翻船事故回顾

分界洲岛，是海南省陵水县东北部海面上的风景旅游区。这里空气清新，海水湛蓝，景色宜人，各种旅游项目齐全，是著名的潜水基地，2005 年 5 月 1 日正式开张营业以来，每天都有数千人通过快艇摆渡上岛游玩。

不幸的是，2005 年 12 月 18 日上午 10 点 15 分左右，在分界洲岛客运码头，一艘载有 14 人的快艇，刚驶出约 30 米远，就被席卷而来的大浪打翻并沉没，12 名来自陕西省长庆石化有限公司的游客和 2 名船员全部落入大海，当场造成 3 人死亡、1 人失踪、数人受伤。亲眼目睹这场灾难的突发和生命的逝去，正在分界洲岛游玩的 300 多名游客陷入恐慌、担心、害怕中，现场一片混乱，悲号、吵闹、谩骂、埋怨此起彼伏。

身受重伤的游客王爱萍回忆说，他们是由旅行社组团来海南旅游的，当晚就要乘飞机返回西安，没想到这 8 天游的最后一天，却出了这么大的事。当时，他们由导游安排坐快艇去分界洲岛观光，刚上船时，风浪很大，船在海边转了几个圈圈。但驾驶员不考虑安全，仍强行开船出海。可开出去大概只有 2 分钟，一个巨浪袭来，使快艇发动机熄火、前挡风玻璃被打碎，紧接着，一个又一个大浪扑进艇舱。情急中，人们下意识地向舱尾跑去，失去平衡的快艇在海浪冲击的作用下发生倾覆，并沉入海底。

幸免于难的游客孙权告诉《工人日报》记者，他 66 岁的岳父蒲文朝被海水冲到岸上时，身体还是热的，但当时旁边却没有任何救援队伍和医护人员，等县医院的 120 赶到现场时，却因溺水时间过长，抢救无效而身亡（赖志凯和王凡，2005）。

（二）强风引起翻船事故的时间序列分析

1. 翻船事故发生前的准备阶段

灾害管理体制局限。大自然中的海气是一个相互作用的系统。然而，由于气象、海洋、水文等职能部门自成体系，各负其责、互不隶属，从机构管理、预案制订、信息交流、灾害预报、预警防范、灾情汇集到灾害规律和减灾技术的研究等，基本处于各行其是的状态，对各种灾害和系统间的相互影响和联系考虑不多，缺乏或很少考虑各种灾害和系统间的相互影响和联系，造成灾害防御的独自为阵。即使对同一个灾害天气过程的发布，尴尬的局面是，海面上的灾害预报归气象局，海面以下的却属于海洋局，双方仅关心各自领域的预警防范，缺乏良好的信息沟通、默契配合和全盘考虑，势必影响预报的准确率和防御的有效性，更无法实现从灾害监测、预警预报、应急响应、指挥避险、紧急救援到灾后处理等的全程监控和优化管理。

（1）灾害应急预案缺失。一是现有的气象灾害应急预案不能为社会所利用。突发自然灾害涵盖了水旱灾害、气象灾害、地震灾害、地质灾害、海洋灾害、森林火灾和重大生物灾害等，但海南省人民政府于 2004 年 11 月 1 日颁布的《海南省人民政府突发公共事件总体应急预案》规定，自然灾害类专项应急预案仅包括《海南省防汛防风抗旱应急预案》（省水务局）、《海南省自然灾害救助应急预案》（省民政厅）、《海南省地震、海啸应急预案》（省地震局）、《海南省地质灾害应急预案》和《海南省环境污染与生态破坏事故应急预案》（省国土环境资源厅）、《海南省森林火灾应急预案》（省林业局）、《海南省有害生物突发事件应急预案》（省农业厅）6 类（海南省人民政府，2006b）。这意味着，气象灾害类应急预案仅属于部门预案，主要针对部门内的响应，其权限和权威都不足以影响到其他部门和单位，即使在预案中提出了有约束力的应急对策或对策思路，是否被采纳也成为问题。二是海岛景区没有专门的灾害应急预案，也没有专职的救援队伍和医疗救助人员，发生意外时，医护人员难以在第一时间赶到远离市县中心的景区现场，对伤者进行及时救助，造成一名伤者因溺水时间过长而抢救无效。

（2）预警信号对灾害防御无强制力。省气象部门结合海南省热带气候特点发布的《突发气象灾害预警信号发布试行办法》中，主要针对台风、暴雨、高温、大雾、雷雨、大风、冰雹等 7 类突发气象灾害进行预警，但对允许出海的风力大小却没有做出明确规定，也没有相应的预警级别、标准及防御指南。实际上，海岛旅游需要"漂洋过海"，对安全保障提出了更高要求。而查阅事发前一天的天气预报发现，2005 年 12 月 17 日 17 时，省气象台向社会发布了危险天气强风报告："未来 24 小时内，本岛西部、东部、南部海面东北风 6 级，阵风 8 级，港口挂预警风球。"并接着每隔 3 小时、每天 7 次对外发布强风警报。但传统的天气预报只起到信息公告的作用，发布的危险天气强风报告没有什么约束力，也无法引起可能受灾区域的警觉，而旅游公司依靠主观判断来决定出海的风险大小，为事故爆发埋下了安全隐患。据码头的一名保安称"平常遇到这么大的海浪从没出过事"，而开展快艇业务的海南陵水环球旅游公司的一位负责人表示："我们早上监控海面时还没有任何问题，没想到海情时好时坏。"

2. 翻船事故发生前的预警阶段

（1）预警信息分发不畅。全省各旅游景点基本没有配备气象预报预警信号传输设施和接收装置，海上游艇也尚未订制气象灾害预报预警手机短信，而通过电视、广播、报纸、电话等渠道分发的信息需要公众去主动获取，易造成因信息传递不畅而导致的无法规避的风险。特别是在那些对气象灾害比较敏感的地方或单位，如偏远农村、旅游景点等，受各方面条件制约，传播不及时、覆盖率较低的问题突出。

（2）安全教育疏漏。游客上岛旅游前，工作人员、导游等都没有向他们宣传海上遇险时的紧急逃生、自我防护、应急处理等自救互救知识和技能。当大浪扑进艇舱的紧急时刻，人们只是下意识地向舱尾逃跑，使快艇迅速失去了平衡，在生死博弈中加大了风险。如果游客当时都能镇定自如，并采取一些救护措施，则翻船的可能性将大大降低。海南省旅游局的一位工作人员说："这次事故中，如果游客都能镇定自如，翻船的可能性就不大。应该在上岛旅游前，向游客宣传海上遇险时的自救知识。"

3. 翻船事故发生中的控制阶段

（1）各级领导重视。事发后，时任省委副书记、省长卫留成对救援工作做出指示，副省长陈成于次日率安监、海事、旅游局等部门领导前往事发现场，要求妥善处理死者后事、搜救失踪人员、查清事故原因。陵水县委、县政府也迅速成立了临时现场紧急指挥部，县委书记陈建春亲自坐镇指挥。

（2）应急处置迅速。光坡边防派出所、陵水边防支队、县人民医院接到报警后，于10时30分左右都紧急派出了救援部队和医护人员赶赴事发现场；临时现场紧急指挥部将各部门救援人员分成6个小组，紧急展开组织人员疏散、海里打捞救人、抢救伤者、找寻失踪者、安抚滞留游客和处理善后等施救工作，而医护人员则分为两批，一部分上分界洲岛，另一部分在码头进行施救。至19日晚10时，受伤人员都及时送到了医院接受治疗，因风大浪急滞留在分界洲岛的100多名来自国内外的游客得到了妥善安置（苏隐墨等，2005）。

（3）社会力量参与。当地村民有组织或自发地出海或沿线搜寻失踪者，终于在12月23日找到了失踪游客赵志珍的尸体。

4. 翻船事故发生后的恢复阶段

人寿保险海南及三亚分公司为遇难游客每人赔付保险金10万元。

分界洲岛旅游区停业整顿至2006年7月26日。

（三）翻船事故中的管理困境

通过时间序列分析可以看出，气象部门发布的天气预报的权威性不够、灾害信息传输渠道不畅，导致前期的预测与预防不到位，政府的灾害管理也基本处于被动的撞击式反应阶段，事前缺乏相应的预警与防御对策，主要集中于对灾难事态的应变，即灾害发生后，接到110报警才迅速采取相应的救助行动，以控制波及的范围，降低灾害造成的损失。由于临时成立的现场紧急指挥部不具有延续性，临时行动也集中于短时间内完成，匆忙上阵，很可能会低估灾害对社会造成的潜在影响，也不利于经验总结和灾害评估。

而且，海南省政府已发布的有关灾害防御的规定和预案中只有《海南省防风防洪工作预案》明确了气象部门的职责。而对于气象灾害诱发的次生类气象灾害，如海上强风、地质灾害、森林火灾、环境污染、有毒化学物质污染扩散等，即使气象部门跟踪监测并做出了致灾因子的预测预报，还需向有关职能机构进行通报，再由其他组织层层上报。把综合的灾害管理职能划分到不同部门后，若某一环节稍有疏忽，就可能造成不必要的损失。

事实上，灾害管理涉及准备、预警、控制、恢复阶段的一系列工作，是一个相互联系、相互衔接的全过程的综合管理，忽略或轻视任何一个环节，或者只是将应对突发气象灾害视为常态管理的一种方式，都可能伤及减灾管理的效率与效益，使灾害风险的概率和损失相应增加。

三 灾害管理流程再造的实现途径

如果仅仅注重灾害发生后的控制管理，只能称之为应急处置，而不是全过程、全方位的灾害防御管理。针对翻船事故所暴露的管理流程断层问题，借鉴先进组织的管理经验，对翻船事故中暴露的管理流程断层问题进行重新思考、规划和设计，以显著提升管理能力，实现灾害管理准备、预警、控制、恢复各阶段的顺畅衔接并相互促进的良性运行。

（一）灾害管理准备阶段流程再造

1. 设立一元化领导的气象灾害管理机构

省政府设立气象灾害综合管理领导小组，组长由分管省领导担任，气象、水利、农业、海洋、民政、公安、消防、卫生等相关单位负责人为成员，统一领导全省的气象灾害综合管理工作。

领导小组下设权威的气象灾害指挥中心，它既是气象减灾专管部门，也是专业技术部门和应急处置部门。平时承担收集分析信息、监测天气变化、提出应急预案和应急计划、开展咨询和业务指导、组织培训宣传演练等日常管理工作；气象灾害发生时，转为应对灾害事件的权威机构，具有指挥协调各种资源和现场处理各类事务的能力，并依据跟踪监测情况和预警专家组建议，适时调整预警级别，将调整结果及时通报各相关部门。其中，对一般或较重级别的预警（蓝色或黄色预警信号），经指挥中心批准、领导小组备案后可直接向社会发布或宣布取消，并启动相应的行动预案；对严重或特别严重级别的预警（橙色或红色预警信号），需经指挥中心上报领导小组批准后方可组织实施。

2. 加强政策法规建设

强化和完善依法治灾的管理和法制建设，对气象灾害的管理权限、原则、机构、权力分配、运作程序、协调机制、应急预案、预警机制、防御规划、设施建设和保护、公民权利和义务及法律责任等通过地方法规的形式做出统一规定，使各项举措遵循法制，且得到法律保障，逐步把减灾工作纳入法制化、规范化轨道。

同时，为保障气象灾害预警信号发布与传播的权威性、合法性、严肃性，应当将部门文件《突发气象灾害预警信号发布试行办法》完善上升为地方法规或政府规章，使预警信息一经发布，各级组织、相关部门和单位能立即做出响应，在指挥中心的统一调度下，按照预案要求和职责分工开展灾害预警防范和应急保障处置，充分发挥预警信号对保护人民群众生命财产安全、保障经济发展、维护社会稳定方面的指导作用。

3. 科学制订气象灾害应急预案，完善发布流程

"研究表明，当一个特别重大的突发事件发生以后，一级等着一级下指示决定怎么办和各级组织及广大职工自动按照应急预案启动，二者效率要差300多倍。所以，第一时间处置得好坏，在第一时间涉及的群众和指挥人员行动是否正确，往往起决定作用。"国务院参事、应急管理专家闪淳昌在一次接受媒体采访时这样说。因此，要把气象灾害预警提升为社会整个层面的预防，其载体就是研究制订可行的应急预案，并以省政府令或政府文件形式予以发布。

所谓预案，是指为降低突发公共事件产生后果的严重性而预先制订的抢险救灾方案（张维平，2006）。气象灾害应急预案是指为控制灾害发展并尽可能降低损失和影响，而采取的一整套管理办法、技术措施、指挥救援和应急行动的指导性方案，需要根据本省主要气象灾害的数量、种类、特点和发生规律，以及对气象灾害孕灾环境、致灾因子和承灾体的客观分析进行研制，以政府令的形式向社会发布。预案中不仅应明确组织机构及其职责，即突发气象灾害发生前、影响中和出现后的各个进程中，谁来做、怎样做、何时做及用什么资源做的问题，还要细化应对不同灾害类别时的预防和预警机制、分级应急响应的启动和终止标准、指挥协调的程序和流程、信息发布与沟通、物资调配、应急保障、善后处置等诸方面的内容。同时，把应急预案纳入政府公共管理的范畴，并通过模拟演练来及时修订和不断完善，增强预案的针对性、实用性和可操作性，使之真正成为应对气象灾害的有效手段，即"各方的责任、行为准则都应该在计划中被规定下来，并通过演习变成习惯性的工作标准"（吴量福，2004）。一旦灾害发生，能立即启动并按照相应的应急预案，有条不紊地开展应急指挥和救灾抢险工作。

4. 细化气象灾害预警级别和判断标准，优化应对流程

在海南省现有的 9 类原生突发气象灾害的预警级别、标准的基础上，进一步优化和规范预警指标体系，根据致灾因子的严重性和紧急程度，按照潜在指标和显现指标两类进行定量化和条理化，并有针对性地提出次生、衍生灾害的防御指南。其中，潜在指标主要用于潜在因素的定量化或征兆信息的定量化；显现指标则用于显现因素的定量化或现状信息的定量化。

（二）预警信息分发流程再造

气象灾害具有突发性、偶发性、破坏性的特点，不仅要求气象部门本身的灾害信息准确、及时、有效，更要求社会各个环节的信息传输畅通、直达。因此，需要学习借鉴国外及中国部分城市预警信息分发模式的先进经验，加强气象信息接收设施的基础建设，提高预警信息的分发服务能力和全社会接受气象服务的能力，提升全社会的风险防范意识和正确响应能力。

1. 国外及中国部分城市预警信息分发的成功经验

美国建立的紧急报警系统（Emergency Alert System，EAS），允许各地政府部门在紧急情况下根据授权启动该系统。目前所有的电台、电视台等各种传播媒体（超过 10 000 家）都按规定安装了 EAS 接收装置（毛夏，2005）。同时，建立了面向全国的灾害应急广播服务系统。该系统是 1 个全国范围的无线广播网络，24 小时直接从气象台播发天气警报及其他灾害信息。目前已建有 940 个发射台，覆盖 97% 的美国人口。用户只需要购买 1 个专门的警报收音机，即使在偏远山区也可以接收天气警报广播，而且这种收音机还具有在关闭状态下警报自动开启功能（黎健，2006a）。

英国的情况是，当监测或预测出现大风、暴雨、浓雾等灾害性天气时，由英国气象局及时启动预警机制。一是短时间内，分阶段地通过因特网、电台和电视台向全国 13 个区域提供极端天气信息，一般按早期预警、提前预警、快速预警、天气观测和汽车预警 5 种类型分别进行。二是恶劣天气预警服务一般通过广播通知民众，同时通知民用紧急服务系统。如果情况极其严重，需要军队参加救援活动，该系统还将通知国防部，以便做好应急准备。

法国的情况是，一旦可能遭遇恶劣天气，国家气象局与有关部门通力合作，共同做好防灾的前期工作。灾害防御中，法国气象局通过网站提前 24 小时根据每个省的天气情况，用绿、黄、橙、红 4 个代表预警等级的颜色在电子地图上标注，普通民众只要登录该网站就能看到这种天气预警图。

中国上海市政府发布的《上海市灾害性天气预警信号发布试行规定》，从 2004 年 3 月 1 日起施行。灾害预警信息由上海中心气象台发布，通知政府有关

部门，并通过多种方式告知公众。例如，在原有 1 个广播、电视播出频率和频道的基础上，各新增 2 个播出频率和频道；在市区人流密集地段建设电子显示屏；增加公交移动电视和地铁电视屏的发布等。

中国北京市以 2004 年的"7·10"暴雨为教训，加强气象灾害信息传播机制建设。例如，城区建设多座气象预警塔、社区电子气象显示牌；加强联系沟通，及时通过电台、电视台、移动手机短信发布灾害性天气预警信息；初步制定预警信息发布管理办法，规范发布内容、标准和流程等，以确保突发灾害性天气信息在更大范围内得到快速传播，并在风险来临时发挥积极作用。

中国香港地区，当灾害性天气发生时由当地电视台进行全程直播，尤其台风即将来临时，气象台在高塔上悬挂颜色各异的风球来预警台风级别。同时，通信、医疗等相关部门依照《气象灾害防御预案》的要求，有条不紊地开展工作。

2. 预警信息分发流程再造

借鉴国内外先进组织的管理经验，预警信息分发流程再造主要体现在以下三方面。

（1）增加播发渠道，扩大覆盖面。当灾害性天气出现时，以立法形式或权威渠道确保所有的传媒能紧急增播、实时插播"预警信号"，同时通过手机免费群发、设置预警信号牌等方式向公众实时发布气象灾害预警信息，尽可能扩大受众面。还可以学习开发具有自动语音和触发功能的专用预警信息接收机，能自动接收各类预警信息，并借助政府和社会组织的力量进行普及，使灾害信息从城市走进乡村，传达到社会的每一个角落和每一位用户。此外，利用无线通信技术，在西沙建立能够覆盖南海海域的气象广播电台，不仅使海上作业渔民能即时接收预警信息，同时对提高海洋渔业、海洋航运、海上油气开采及南海国防建设的气象保障能力也具有积极意义。

（2）规范信息标准，方便受众理解。人们通过对信息的理解来指导行动。威尔伯·施拉姆曾经提出如下公式：选择的或然率＝报偿的保证/费力程度（罗桂湘和谭强敏，2004）。因此，要提高信息的接收效率，就应当尽可能地减轻人们接收信息时的费力程度。这不仅要求灾害信息和防灾行为提示能准确表达、简洁明确、通俗易懂，以适应多元社会的需求；同时，信息应当按照标准的编码格式发布，使处于不同状态的风险对象，即使通过不同渠道获取的信息也在内容上保持一致。

（3）根据服务需求，提供个性服务。为充分利用有限资源为需要的人群提供优质服务，同时避免对非风险对象不必要的信息干扰，需要根据服务对象的不同需求开展个性化服务（毛夏，2005）。例如，决策指挥人员，需要及时、准确、全面地掌握各类气象灾害的动态信息，主要通过信息网络平台来自动获取；

而灾害风险对象，作为个性化服务的主体，包括处于风险之中、即将处于风险之中或可能处于风险之中的社会公众和单位，不仅需要多渠道提供气象灾害发生的时间、地点、强度、影响范围、防范措施，而且要尽可能告知灾害发生的可能性与不确定性，以及如何获得更为详细或后续的预警信息，使公众能选择采取适当的响应措施。其他社会公众，则主要通过公共传媒（广播电台、电视台、声讯电话、气象网站等）提供服务，一般不需要另外提供个性化、针对性的服务。

第三节　气象灾害防御的关键因素分析与建议

在以上正反两个个案分析的基础上，我们再将以下几个台风造成的死亡人数进行对比。

据记载：

——1956 年 8 月 1 日登陆浙江象山的 5612 号 "Wanda" 造成 4935 人死亡。

——1973 年 9 月 14 日登陆海南琼海的 7314 号 "Marge" 造成 903 人死亡。

——1994 年 8 月 21 日登陆浙江瑞安的 9417 号造成 1123 人死亡。

——2006 年 8 月 10 日登陆浙江温州的 0608 号 "桑美" 是新中国成立以来，登陆我国大陆风力最强、中心气压最低的超强台风。最大风速达到 68 米/秒，造成浙江因灾死亡 193 人。

——2005 年 8 月 25 日，飓风在美国佛罗里达州登陆，8 月 29 日破晓时分，在美国墨西哥湾沿岸新奥尔良外海岸登陆。登陆时最大风速 60 米/秒。据美联社 9 月 14 日报道，官方统计的死亡总数为 710 人，其中有 2/3 的伤亡数字来自新奥尔良市。

——2008 年 5 月 2 日，特强气旋风暴 "纳尔吉斯" 登陆缅甸，登陆时中心附近最大风力达 52 米/秒，根据缅甸政府公布的最新数据，这场灾难共造成 22 980 人死亡，42 119 人失踪。

从以上一组台风灾害造成的死亡人数数据，并进一步结合每个气象灾害事件防御中的组织管理和防御措施分析可知：

从国内情况来看，随着社会的发展，党中央、国务院及各级党委政府更加坚持以人为本、充分依靠人民群众、科学决策、果断执行和落实 "防、避、抢" 的应急预案，科学防御，及时组织群众大转移，在把台风带来的灾害损失降到最低程度上取得了巨大的进步。

从国际情况来看，中国与美国等发达国家、缅甸等发展中国家相比，在气象灾害所采取的措施上，体现出中国一元化领导下，采取有效措施转移灾区人员，集中所有人力、物力组织和实施防御气象灾害，其效果是明显的。

一 防御的关键要素

灾害防御包括"测、报、防、抗、救、援"等环节，跨越多个部门和行业，通常涉及组织机构、法律法规、现代科技、灾害管理、预警体系、传播媒体、公众教育、保险保障等方方面面，是一项涉及面广、资源需求多的系统工程。针对灾害防御个案所取得的成功经验和暴露出的突出问题，结合国内外的灾害事件对比分析可知，其关键因素在于组织管理、监测预警、灾前准备和应急响应。

（一）组织管理是灾害防御管理的核心

防御和减轻气象灾害对经济社会发展和人民群众生命财产安全的影响，是党和政府的一项战略任务，各级政府应当在防灾减灾中发挥主导作用。

气象灾害防御具有社会属性，做好防灾减灾工作是"服务型政府"的具体责任。国内外的实践证明，只有依靠政府的统一指挥、组织、协调，建立各部门分工明确、快速联动的机制，并按应急预案的要求作出快速反应，才能将社会资源高效地运用在防灾减灾上，发挥出最大效益。而缺乏统一指挥、对突发事件应变不力和不重视科学防御则可能带来高昂代价。例如，本书研究的陵水分界洲岛的翻船事故，折射出被动应变的政府可能会使灾害后果放大；而2005年轰动全球，并造成美国1300余人死亡、750多亿美元财产损失的"卡特里娜"强飓风，也反映出政府指挥不力，应对灾难准备不充分，提前预警的效果没能很好地体现在防灾减灾行动上所产生的惨痛教训。

（二）准确及时的气象灾害监测预警，是灾害应急管理的关键环节之一

气象及相关灾害的预警预报为防御和减轻气象灾害提供了一个技术基础。提升灾害性天气的跟踪监测、信息加工和预警预报能力，采取现代通信手段，结合社会最基层的社区、乡镇等行政组织，把各类实时预警和应急决策信息传递到每一个社会角落和每一个人，是降低气象灾害造成的损失的重要措施。对比国内外情况来看，无论是本书剖析的0518号"达维"，还是新中国成立以来登陆我国大陆的最强台风"桑美"，都充分说明有效的预报预警，可使整个社会有充分的时间进行超前组织并做好应战准备，大大降低灾害风险可能带来的负面影响。而2004年12月26日突然爆发的印度洋海啸，由于缺少有效监测和及时预警，南亚和东南亚国家的沿海地区变成了人间地狱，近30万人死于这场突如其来的灾难，造成140多亿美元的经济损失。

（三）有效的灾前准备是减少气象灾害损失的基础

在非灾害影响期，建立完善气象灾害防御的法律法规体系和防御机制，制订切实可行的防御规划和细致的应急预案，并组织有效实施；不断提高气象灾害监测预警能力，逐步实现预警信息全覆盖；普及气象灾害防御知识，提高公民防灾、避灾和自救的意识和能力，特别是提高基层社区防御气象灾害的能力，是一项长期而艰巨的任务。本书研究发现，我国与发达国家在防御措施上差距最大的就是我国基础单元（社区、村镇）防御设施和能力的薄弱，以及志愿者队伍建设的滞后。

（四）快速高效的应急响应是灾害防御的关键环节

我国近年来的气象灾害应急工作进步很快，应急预案体系基本完备，应急组织体系和运行机制基本建立。特别是在应急响应期间，在政府一元化领导下，依靠行政手段最大限度地减少了人员伤亡，这从前面的分析中清楚可见。但应急预案的宏观非细致、有条款难操作、不实用等现象较为普遍。在应急响应中依靠预案难以达到启动多部门联动、号召群众参与的效果，而以行政命令替代依法应急的现象十分普遍。这种应急响应方式上下请示、审批环节多，往往影响应急响应的效率和效果，也会因为行政命令不可能涉及每个方面或者细节，造成一些环节的疏漏，从而造成防御失误，带来惨痛的教训和巨大的损失。

二 应采取的改进措施

（一）完善组织管理体系，再造灾害管理和组织制度流程

（1）设立一元化领导的气象灾害管理机构，理顺关系，减少职能交叉。

（2）加强法律法规、政策规定制度、防灾相关标准建设。

（3）组织编制各级气象灾害防御规划，并组织实施。

（4）科学制定气象灾害应急预案，并上升为政府专项预案，优化应对流程。

（5）细化气象灾害预警级别和判断标准，完善发布流程。

（二）提高监测预警水平和能力，再造预警信息分发流程

（1）建设和完善气象灾害监测和信息网络系统。

（2）建立和完善气象灾害预报、预测系统。

（3）提高气象灾害预报、预警、预测能力。

（4）建立和完善气象灾害预警信息发布系统。

（5）增加播发渠道，扩大覆盖面。

（6）规范信息标准，方便受众理解。

（7）根据服务需求，提供个性化服务。

（三）强化防灾意识，提高全民素质，再造宣传、教育和培训流程

（1）以基层群众为重点，提高防灾意识和防灾、避灾、自救能力。

（2）以应急队伍为重点，提高应急响应队伍的素质和能力。

（3）以纳入小学基础教育为切入点，开展长期持久的普及教育，提高全民防御气象灾害的综合能力和水平。

（4）制订气象灾害防御宣传、教育和培训规划，建设和完善培训教育的相关设施和设备，实施有计划、长期性、普及型的宣传、教育和培训，构建长效机制，从基层抓起，从孩子基础教育抓起，全面推动全民防灾意识和能力的提高。

（四）建立科学评估制度，再造灾害救助流程

（1）研究灾害损失科学评估模式，建立以评估为基础的救助机制。

（2）建立灾害应急过程征用物资和强制行动损失补偿机制。

（3）建立适合国情的气象灾害保险制度。

（4）建立灾后自救的规范引导和激励机制。

（5）建立气象灾害风险评估制度，提高规避灾害风险的能力。

第四章

气象灾害防御高效机制设计

第一节　防御组织体系

一　目标和特点

（一）气象灾害防御的目标

以确保人民生命财产安全、最大限度地减少经济损失、保障社会稳定和国家安全为主要目标，最大限度地减少气象灾害造成的各类损失。

（二）气象灾害防御组织体系的目标

建立健全政府主导、部门联动、社会参与的气象灾害防御体系；综合运用行政、法律、科技、市场等多种手段，建立健全综合防灾减灾管理体制和运行机制；充分发挥科学技术和教育在防灾减灾中的作用，促进经济、社会全面、协调、可持续发展。

（三）气象灾害防御组织体系构建的理念

坚持"安全第一，常备不懈，预防为主，防、抢、救相结合"的综合防御理念。依靠制定和落实行政首长负责制、分级管理责任制、分部门责任制、技术人员责任制和岗位责任制，实现政府主导、部门联动、社会参与的气象灾害防御体系高效运转，有效防御气象灾害。

（四）气象灾害防御的原则

1. 以人为本的原则
在气象灾害防御中，把人民的生命财产安全放在第一位，改善人民生存环境，实现人与自然和谐共处。

2. 以预防为主的原则
气象灾害防御立足于以防为主、防治结合，以非工程措施为主、非工程措施与工程措施相结合。

3. 统筹兼顾、突出重点的原则

气象灾害的防御要实行统一规划,突出重点,兼顾一般。采取因地制宜的防御措施,按轻重缓急要求,逐步建设和完善防灾减灾体系。

4. 依法防灾的原则

气象灾害的防御要遵循国家有关法律、法规,充分利用已有成果,不断建立和完善配套的法律、法规。气象灾害防御规划拟定的目标、对策措施和工程布局,要与社会经济发展规划等国家已批准实施的相关规划相协调。

5. 科学防灾的原则

利用先进的科学技术监测和预报气象灾害,国民经济和社会发展规划及工程建设应当科学合理地避灾,气象灾害防御工程的标准应当进行科学的论证,防救灾方案和措施应当科学有效。

6. 分级管理、属地为主的原则

根据灾害造成或可能造成的危害和影响,对气象灾害防御实施分级管理。灾害发生地人民政府负责本地区气象灾害的防御工作。

(五) 气象灾害防御特点

1. 可预见性

随着气象科学发展,对气象灾害的预报预测已成为可能,准确率在不断提高,为气象灾害防御提供了可提前预见的可能。

2. 可准备性

气象灾害具有可预见性,这为气象灾害的预防提供了可能。依靠提前准备、积极预防,可有效降低气象灾害可能造成的损失。

3. 可防御性

气象灾害的防御可通过工程性措施和非工程性措施,依靠有效管理,对气象灾害带来的损害进行有效防御,使经济损失降低,人民生命财产得到保护。

4. 可救助性

气象灾害造成的损失是有限的,在救助资金、救助方法、救助机制和队伍健全的情况下,可开展有效救助。

二　组织体系架构

从世界各国防御气象灾害的经验可知,气象灾害防御的组织机构是实施防御的基础，组织形式是防御的保证。完善的组织体系会使气象灾害防御顺畅进行，节约防御成本，带来很大的防御效益。

结合我国现行的行政组织体系，分析我国当前气象灾害防御中存在的问题，可清楚地看到，一是气象灾害防御管理没有统一的决策协调机构。干旱、台风、暴雨（雪）等灾害防御基本上由各级防汛抗旱指挥部管理；高温热浪、低温冻害、干热风、冰雹等造成的农业灾害，一般由农业主管机构管理；雷电灾害则由气象部门管理，大风、大雾等引起的交通事故主要由交通海事等部门管理；沙尘暴灾害主要由林业部门管理；而高温引起的中暑等灾害尚没有明确的主管机构；由气象灾害引发的滑坡、泥石流、山洪，以及海洋灾害、生物灾害、森林草原火灾等灾害的防御同样是多部门管理。另外，气象灾害防御过程各阶段没有统一的协调机构，目前基本上以分段管理为主，灾害防御准备归各部门负责，灾前防御和应急处置一般由政府或防汛抗旱指挥部进行协调指挥、各部门联动，灾后重建和恢复的主管部门又是民政部门，其他部门协管，在运行中职能交叉、协调困难，影响了防御的效果和效率。而气象灾害是由多系统相互关联形成的，具有很强的多发性、衍生性。遇到多灾种并存的气象灾害时，目前的防御组织形式就难以形成有效合力，协调不畅，配合不力的现象普遍存在。同时，各部门的职权是有限的，对于多灾并发的气象灾害，单个部门或几个部门是难以组织多部门联动、全社会参与开展灾害防御的。为此，需要建立综合的灾害防御统一指挥、组织管理协调机构。二是重复建设，职能交叉，灾害信息不能共享，浪费现象严重。各部门为了提高各自防御自然灾害的管理水平，都自上而下地建立指挥系统、物资储备库、监测站网、乡村信息员队伍，而为了部门利益，获取的灾难信息难以实现共享，为了获取所需信息，各部门展开监测系统建设竞赛，在一个山头或江河边，同一个地点多个部门建设监测点的现状已很普遍，造成的重复投资、单打独斗的现象，与高效、集约、共享差距很大，对国家财产造成的浪费严重。三是在最基层的防御单元，如行政村（或自然村）、社区，防汛、防台、国土、气象、地震、民政等多个部门都要求有一名协理员（或信息员），而在最基层有能力担当此职责的人员很少，给基层造成很大负担，而各级政府要多头培训信息员，寻找合适人员，因人数太多、报酬有限，结果仍然是信息员队伍不稳定、素质不高，难以做好此项工作。如能实现每村一名灾害防御的信息员，经多部门进行综合技能培训，保证一定待遇，开展综合信息监测、传递等工作，可能更实在、更有效、更节约、更可靠。

从以上分析可见，气象灾害防御管理机构应与其他各类自然灾害防御管理机构合并，由各级政府成立自然灾害防御管理机构，作为灾害防御的综合管理部门。也可将现在的政府应急办公室的职能、编制扩展，全权负责统一指挥和协调管理，明确各相关部门在灾害防御中的职责，建立一个管理机构统一部署、各相关部门联动、社会成员参与的完整、高效的自然灾害防御组织体系。

在吸收国外气象灾害防御经验的基础上，为达到最大限度地减少气象灾害及其他自然灾害造成的损失，提高灾害防御的综合效益，有效地节约防御成本，提高防御的效率和效益，研究认为，较好的自然灾害防御组织机构模式应如图 4-1 所示。

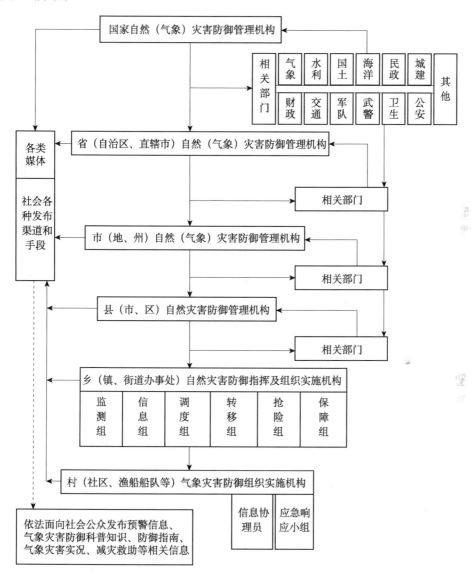

图 4-1　气象灾害防御组织机构框架图

在调研过程中，海南省防汛防旱防台指挥部办公室、民政厅、省政府应急办等单位专家也认为此模式对防御自然灾害、协调行动、统一部署、高效运作更为有利。一旦政府设置综合的自然灾害防御管理机构，实行统筹协调、统一指挥，组织各部门联动运行，动员社会组织和群众个人参与开展防御工作，无论是非灾时的防御准备，还是灾害来临时的防御和应急响应，以及灾后恢复重建，都会比当前的管理模式产生更好的效果、节约更多资金，防御效益更明显。

三 防御管理机构和相关部门职责及联动机制

（一）自然（气象）灾害防御管理机构组成及职责

1. 组成

国家、省（自治区、直辖市）、市（地、州）、县（市、区）四级政府组建自然（气象）灾害防御管理机构，政府分管副职领导为机构负责人，设置专职常务负责人，设定编制，配备相关人员。各单位按照同级政府的统一部署和本机构的职责，做好气象、地质等重大自然灾害防御管理和相关工作。

2. 职责

（1）负责指挥所辖区域气象等自然灾害的防御工作，组织、协调相关部门的灾害防御工作，规范气象等自然灾害防御工作流程，细化分解各相关部门在灾害防御中的职责和任务，指导下级管理机构工作。

（2）负责推进气象灾害防御法律法规体系和标准体系的建设，负责制定灾害防御相关配套规章制度。负责自然灾害普查，防御规划、方案和应急预案制订，灾害防御知识科普工作；组织制定或修订气象等自然灾害防御工程标准和非工程标准。

（3）组织建立有关部门互联互通的气象等自然灾害信息共享机制和跨区域的气象灾害协作联防等工作机制，建设灾害信息共享平台，规范灾害信息的收集和分发，实现气象等自然灾害的主管机构及相关部门信息共享。

（4）依靠气象等相关部门，建立气象等自然灾害监测网。强化重大灾害监测和预警能力，完善灾害预警信息发布制度，及时发布重大灾害预警信息，实现气象灾害预警信息发布的快捷、全覆盖，为灾前防御争取时间。组织灾前预评估，强化防备措施。

（5）根据气象等自然灾害的等级和对应的应急预案，及时发布有关区域不同级别、不同气象等的自然灾害类别的预警信号或警报，在规定的职责和权限范围内启动和终止相应等级的应急响应。

（6）建立应急响应中有关单位或个人无偿贡献相关装备设施的评估和补偿机制，统筹协调紧急避灾场所的建设和安置工作。

（7）组织气象、民政等相关部门联合开展气象等自然灾害实际成灾损失的评估。建立灾后评估和救助机制，统一部署灾后复原重建工作。

（8）完成政府交办的其他事项。

（二）相关部门职责简述

气象灾害防御相关部门的职责受"三定"方案约束和职能划分的调整，随着发展处在不断调整之中，各部门在不同的气象灾害的防御中所承担的责任和任务有区别，本小节只是简要列述其宏观上的职责和任务，较为详尽的职责见本书第五章第三节应急减灾中的分灾种应急响应部分的各部门的职责和任务。

各部门职责简述如下。

1. 气象部门

负责气象灾害监测、预报预测、预警和服务工作，承担气象灾害业务体系建设，负责气象灾害预警信息或警报的发布工作，组织对重大气象灾害的调查、评估、鉴定工作，提供重大气象灾害应急工作的信息与技术支持。

2. 水利部门

负责提供水文相关信息，承担水库等防汛抗旱设施的管理和建设任务。对主要河流实施调度，负责防灾工程的建设、管理和灾后水利设施的修复。

3. 农业、林业部门

负责提供农业、林业受灾情况相关信息。组织、指导农业、林业防灾设施的建设，组织开展防御和应急减灾工作及灾后生产自救。

4. 国土资源部门

负责提供地质灾害相关信息，负责气象因素引发的地质灾害的工程规划、建设管理工作。

5. 海洋、渔业部门

负责提供风暴潮、海浪等相关信息，组织、指导渔业防灾设施的建设、灾害防御和灾后生产自救。遇到台风或海上大风要督促所有船舶到安全场所避风，防止船只走锚造成碰撞和搁浅。

6. 民政、安全监管部门

组织核查灾情、提供灾情信息。负责组织协调灾后救助、安全生产等相关工作。协调灾区救灾、群众生活自救，指导和开展救灾捐赠工作。管理、分配救灾款物并监督检查其使用情况。

7. 广电、宣传部门

督促新闻媒体及时播发灾害性天气气候的监测、预报预测、警报等信息。

负责组织开展预警气象灾害的宣传工作，报道防灾救灾动态。

8. 商务、经贸部门

负责提供相关的防救灾物资。负责防救灾有关物资的储备、管理。

9. 公安、交通运输部门

保证防救灾物资运输和人员行动的交通畅通，保障各级气象台（站）气象服务人员和移动气象台（站）现场服务人员、设备运输的交通畅通。负责组织协调灾区人员、物资、设备的运输和公路设施的安全。督促指导港口、码头加固有关设施；督促运营单位暂停运营，妥善安置滞留旅客。

10. 发展改革、财政部门

负责气象灾害监测、预警预报、服务等工作所需建设项目的立项和资金筹措，负责防救灾资金预算、拨付并监督使用。负责启动煤电油气运保障工作部门协调机制等相关工作。

11. 卫生部门

负责提供疫情发展监测相关信息，承担气象灾害防御中的医疗救护工作。负责调度卫生技术力量，抢救伤病员，对重大疫情实施紧急处理，防止疫情的传播、蔓延。

12. 环保部门

负责提供环境监测相关信息，组织实施预防环境破坏和因气象等灾害影响造成的环境恶化事件。

13. 通信部门

督促检查电信运营企业，保障各种气象信息传递和报送的通信线路的畅通。负责抢险通信的保障和灾后通信设施的重建工作。

14. 电力监管部门

督促检查电力企业，保证重大气象灾害信息传递、报送和重大气象灾害发生现场气象服务的电力供应保障。保证气象灾害防御指挥机构和防御相关机构的电力供应，保障灾区电力供应等相关工作。加强电力设施检查和电网运营监控，及时排除危险、排查故障。负责灾区的应急供电和灾后电力设施的恢复工作。

15. 住房与城乡建设部门

负责提供城市灾情信息，组织开展城市道路积水等的防御工作。负责城市规划和工程建设的管理、制订灾区恢复重建规划等工作；巡查、加固城市公共服务设施，督促有关单位加固门窗、围板、棚架、临时建筑物等，必要时可强行拆除存在安全隐患的露天广告牌等设施。

16. 教育部门

根据气象灾害防御的指引和提示，组织幼儿园、托儿所、中小学和中等职业学校等学校做好停课等相关防御准备，将防灾教育纳入教育体系。

17. 军队、武警、公安干警

负责重大气象灾害防灾、救灾工作和维护灾害防御全过程的社会秩序稳定。负责灾区的社会治安工作，协助组织群众从危险地区安全撤离或转移。负责组织、协调部队的抢险救灾工作。

其他有关部门和单位要根据部门和单位特点，积极参与到防救灾工作中来。

四 基层防御管理与组织实施机构设置及职责

(一) 乡 (镇、街道办事处) 管理与组织实施机构

1. 灾前准备工作

乡 (镇、街道办事处) 防御管理与组织实施机构应做好如下具体工作:

(1) 宣传防灾救灾知识及气象灾害防御的政策法规，加强防灾管理；加强对广大基层干部群众防灾避灾知识的教育、培训和演练，提高自防自救的意识和能力。

(2) 上报下达有关信息和指令，认真执行上级命令。紧急情况下可制定并采取应急处理措施。

(3) 积极组织气象灾害防治工程与非工程措施的建设等工作。

(4) 组建气象灾害应急队伍，可按照监测、信息、调度、转移、抢险、保障等职能成立相关应急小组，开展应急演练。

(5) 建立和完善本区域乡与村之间相互联动的灾害防御的组织体系，充分发挥各基层组织在防灾减灾中的作用；建立和落实干部包片、包村 (社区) 的防灾岗位责任制。

(6) 管理救灾场所，储备救灾物资，设立撤离路线标志和安全区标志，落实气象灾害防御、规避的各项工作。

2. 灾害应急工作

在灾害来临前，接到气象灾害预警信息，本区域即将受到气象灾害影响时，按照本级应急预案启动相应应急响应，下属各应急小组应按照各自的职责开始气象灾害应急工作。

(1) 监测组。收集各地雨情、水情、灾情等资料数据，进行险工险段、泥

石流及滑坡等隐患的监测，掌握险情动态，及时上报本区域的灾害情况，为上级防御决策提供第一手资料。

（2）信息组。维护并确保本机构与上级、下级各村委会（社区委员会）的联系畅通，及时将最新的气象预警信息和本机构的防御指令发布到村（社区）负责人和相关责任人处，及时将所属各村（社区）防御准备、人员撤离、灾情等相关情况汇总，并上报给上级管理机构，为防灾决策提供可靠、及时的信息保障。

（3）调度组。按照本机构的防御指令，调度本区域防灾队伍、物资、交通等防灾资源，协调外部资源，组织调度开展各项工作。

（4）转移组。按照本机构的指令，根据本区域的应急避难场所的位置和应急预案中确定的路线，结合当地的灾情实况，组织区域的人员进行紧急转移撤离。

（5）抢险组。按照本机构的防御指令，对已出现险情的区域、场所，实施紧急抢险。

（6）保障组。按照本机构的防御指令，从灾害来临前就投入紧张准备，组织对各应急小组所需的设备、防救灾物资进行筹集、购置、社会征集；组织防御过程中所需的各类设备、物资及转移群众生活用品、卫生医疗等资源保障和供应。此小组的工作任务复杂而繁重，需要具有更大的职权来组织和征用有关救灾物资。

（二）村（社区）组织实施机构

村（社区）在气象灾害防御中主要组织、实施防御工作，也是防御成功与否的关键环节。各村村委会（社区委员会）是组织实施气象灾害防御的管理机构，特别是在应急期间任务更重、工作更多，要组织、指挥、带领群众防灾避灾。平时要加大对群众防灾自救能力的宣传、教育和培训，经常组织应急小组演练，确定危机时刻撤离转移的路线，要让群众清楚并牢记转移路线和撤离方式；在上级统一规划和指导下，建设避难场所，有计划地储备适量的救灾物资和设备；培养群众团结互助、集体行动的防灾意识，提高群众主动参与、积极响应的自觉性。

村气象信息员（协理员）在平时要保护好气象信息终端，保证气象预警信息上传和接收的畅通，也要保证本村信息发布渠道的畅通；在气象灾害防御过程中要及时接收预警信号、上级防御指令，并及时转发给本村群众。在沿海通信条件较好的地区，可能有多种发布预警信息的方式，在边远贫穷的地区可能一种现代通信手段都没有，单靠信息员是无法完成信息传递发布任务的，就需要建立村委会干部包片、包户制度，依靠干部上门传递和依靠群众邻里之间相互传递，确保每户都能得到最新的预警信息和防御指令，才能保证群众理解和参与。

村（社区）应急小组是防御气象灾害的骨干力量。无灾时，要在上级的指导下，开展应急演练工作，提高应急能力；灾害来临时，听从村委会（社区委员会）的调度，承担各项防御任务。应急小组成员应是应急队伍的中坚力量，要依靠平时的宣传和防御知识的教育、培训，提高群众的自我防御能力，广泛吸收身体素质较好的群众参加到应急队伍中，以提高村应急响应的能力。

群众应积极按照村（社区）管理人员的要求，参加应急救灾知识培训和学习。按照灾害区划和防灾标准建设住宅，熟悉紧急转移路线；在应急状态下，一方面要按照本村（社区）的要求积极开展防救灾活动，另一方面要积极开展避灾、躲灾等自救活动；在紧急转移中要严格按照要求积极转移，不得私自行动，否则将引起应急转移的混乱或增加应急救助的难度；同时要树立集体救助的防灾意识，大力倡导邻里互助、照顾老幼等优良传统在防灾救灾中的发扬。实现全民参与防救灾是全面提高全社会防御气象灾害能力的必要条件。

五 防御体系运转机制

（一）政府主管、纵向畅通的管理指挥机制

政府设置的气象等自然灾害管理机构根据灾害预警信息、基层上报灾害信息等，依据自然灾害防御规划、防御方案和应急预案向下级下达防御指令，部署防御工作；向上级主管机构汇报防御计划和部署及灾情实况等。下级组织管理机构按照本区域情况全面组织实施防御工作，依据本级应急预案启动相应级别的应急响应。在非灾害期，各级管理机构按照规划组织实施防御准备工作。总体上，建立并实施主管机构从上到下、从下到上信息畅通，统一部署，分级负责，整体综合协同防御的管理指挥机制。

（二）政府主导、部门联动的决策协调防灾机制

各级气象等自然灾害相关部门监测到气象等灾害时，应及时报告同级灾害管理机构，并作出灾害全过程的预测预报、灾害预评估，开展连续跟踪监测和预报预警、评估等工作；管理机构根据气象灾害预警信息和灾害实况，依据防御规划方案组织开展灾害防御工作，依据应急预案启动相应级别的应急响应；各部门按照各自职责开展相关的防御组织管理和实施工作，并指导本部门下级组织开展工作。在非灾害期，管理机构按照规划部署相关部门开展防御准备工作，完善防御措施，建设防御工程。总体上，建立并实施各部门以同级主管机构为中心的信息互联互通，信息全面共享，主管机构总体部署，各部门各负其

责，同级协同联动，对下指挥指导，整体综合协同防御的决策协调防灾机制。

(三) 群众参与、全社会防御的行动机制

在各级主管机构、同级各相关部门联动的基础上，以村（社区）为单元的基层气象等灾害组织实施机构，按照本村（社区）灾害防御计划和应急预案，以应急小组为骨干力量，组织带动本区域所有的群众，按照统一部署，开展有计划、有步骤的防御活动，同时充分发挥群众防灾、避灾、自救的主动性和自发性，以集体防御与个体防御相结合的形式开展气象等灾害的防御工作。在非灾害期，按照村（社区）气象等灾害防御规划和计划，在上级主管机构的统一部署、管理指导、资金和技术支持下，广泛发动群众、积极动员社会力量开展本区域防御准备工作，完善防御措施，建设防御队伍，开展防御宣传，提高本区域的防御综合能力。总体上，建立并实施上级指挥指导、自我组织实施、全民主动参与、团结互助协同防御的防灾行动机制。

第二节　气象灾害防御规划和应急预案编制技术

随着经济发展，灾害造成的损失越来越严重，已成为制约和谐社会建设的主要因素之一。统计资料表明，世界上 80% 以上的人口和多数城市集中在沿海 200 千米的范围内。而这些地区正是最常受到洪水、台风、海啸、风暴潮、泥石流等自然灾害袭击的区域（宋俭，2000；罗可，2000；李相然，1997；李相然和林子臣，1995）。据统计，气象灾害造成的直接经济损失约占我国 GDP 的 3%～6%（章国才，2006），要减轻气象灾害造成的损失，就需要有序提高气象灾害防御能力。为此，编制气象灾害防御规划提高防御能力，成为当务之急。《中华人民共和国气象法》第 27 条、第 28 条第 1 款和第 29 条都对防御气象灾害进行了明确规定，确定了气象灾害防御管理的主要内容。目前，全国各省（自治区、直辖市）都正在组织编制气象灾害防御规划，但由于对气象灾害防御规划重要性的理解和采用的技术方法不同，存在很多具体编制问题，影响了规划的编制水平和进度，也影响了规划和预案作用的发挥。掌握防御规划编制核心技术和应急预案编制要领，可明显提高防御规划和应急预案的实用性和有效性。

一 防御规划编制技术

(一) 规划重点内容

按照一般规划的常规体例，规划应有规划对象的基本现状（包括目前的水平、取得的成绩、存在的问题、面临的形势等）、指导思想、目标和原则、主要任务、重点建设工程和保障措施等内容。结合气象灾害防御的具体对象，气象灾害防御规划（以下简称规划）应最少具备七部分内容。第一部分，气象灾害防御工作现状（包括气象灾害的基本情况，气象灾害防御的的成绩、目前水平及存在的问题，面临的形势和需求）；第二部分，规划的指导思想、目标和原则；第三部分，气象灾害普查和区划；第四部分，防御措施规划；第五部分，气象灾害防御方案；第六部分，气象灾害调查和评估；第七部分，保障措施。规划的重心应在第三到第六部分，这四部分既包含了气象灾害防御的主要任务，也包含了具体的建设工程。特别是第三部分，它是衡量规划编制水平高低的关键，没有第一手基础资料，就无法确定灾害重点区域，相应的防御措施规划、防御方案也就失去了可信度。

（二）灾害普查

气象灾害普查是规划的关键。由于普查资料的真实性、标准化程度、规范程度、时间长度、覆盖面等都直接影响灾害区划的准确度，随之影响到规划其他内容的正确性，所以用合理的技术方法和工作形式，既可保证规划的有效可靠性，又可提高编制工作进度。

1. 规范灾害普查

编制气象灾害防御规划是法律赋予各级政府的职责，为保证规划具备基础资料和数据，应由政府统一领导，气象部门牵头，组织民政、水利、农业、国土、交通、电力、市政等相关部门共同配合，开展本行政区域内的气象灾害普查工作。气象部门应按照规划需求提出普查的灾害种类，明确普查时间和灾害量级范围，要制定普查的技术标准，规范普查的操作要求，力求一致性，保证普查数据具有较高的可用度。由于我国气象灾害具有种类多、范围广、频率高、灾情重等特点（冯丽文和郑景云，1994），要达到所有灾害无论大小一概普查的可能性小，并且可能造成工作量大、时间长、无法突出重点的现象发生。因此，必须根据当地的气候背景和气象灾害的实际情况，确定出重点普查的灾害种类，确保重点灾种普查的有效性和完备性。

2. 资料收集

气象灾害资料因其涉及面广，收集难度很大。根据目前气象部门的情况，在政府统一领导下，可通过多部门配合，多渠道开展收集。第一，可在各省气象灾害大典基础上对过去发生的灾害的资料，按照普查标准进行初步整理；第二，到民政、水利、农业、国土、交通、电力、市政等相关部门了解相关情况，获取可用资料，补充气象灾害大典中不全的资料，特别是重大气象灾害损失的相关数据；第三，从气象历史观测资料中获取每次气象灾害的降水、温度、风速等相关资料；第四，由普查组深入到农村、社区、企业等实地调查气象灾害发生和损失情况，可以补充重大灾害的有关数据。在普查中经常碰见的是被了解对象只能提供定性的灾害情况，无法提供具体数据，使普查陷入困境。为了达到普查目的，可在规划标准中确定重点普查灾种的定性资料定量估算标准。可对多种定性资料综合分析，推定降水、风等要素的量级，按量级下限定量估计缺少的数据。

3. 资料处理

普查资料处理中，应首先遵照国家标准，按照国标计量单位进行统计计算；其次应按照气象部门的有关标准和等级进行统计处理；最后对于本行政区域特殊情况可进行相关资料处理标准的设定。否则，各区域自成体系就无法实现汇总，无法进行全省或全国普查资料的汇总处理，资料的可用范围得到限制，无法达到全国气象灾害普查的目的。

4. 灾害数据库

普查资料在按照统一标准收集、处理后，应建立本区域气象灾害数据库，以便于灾害区划工作的开展，也为进一步开展气象灾害风险性评估和灾害预评估、灾中评估、灾后评估及防御对策建议提供基础数据。灾害数据库应具备查询、统计等基本功能，数据库资料应包括灾害发生时间、地理位置、气象灾害相关要素监测数据、灾害在各行业造成的损失数据、人员伤亡数据，当时在灾害防御上采取的有关主要措施和灾害发生地相关防御工程的防御标准（即可防御多少年一遇的工程标准）等。

5. 灾害区划

灾害区划是灾害普查的结果体现。根据当地实际情况，结合气象灾害普查结果，设定各种气象灾害重点区、一般区和不发生区的技术标准，形成规划中各重点灾种的灾害区划结论，并绘制出分灾种的灾害区划图。再综合各灾种区划，形成本区域气象灾害综合区划。进一步综合考虑当地灾害易发性、重发率、灾害损失、防御设施情况及建设布局、经济发展程度等因素，综合判断确定本区域气象灾害重点防御区，一般防御区和不设防区，形成灾害防御区划，绘制出防御区划图。为政府及防御相关部门决策提供依据，为制订气象灾害工程和非工程措施规划、防御方案及防御管理等提供基础性支撑。

(三) 防御措施规划

气象灾害防御措施包括工程性防御措施和非工程性防御措施。

1. 工程性防御措施规划

工程性防御措施规划应重点落实在本区域重点气象灾害防御工程建设上，应根据本区域现有防御工程的基础，规划新建或需完善的防御工程，应有具体的工程数量。由于工程性建设涉及多部门管理，所以应在政府领导下，组织当地发展与改革（或计划）、财政、气象、水利、农业、城建、规划等多部门合作编制。

例如，沿海地区工程性防御措施规划就应有防台工程（包括防浪堤、沿海防风林、防洪涝、防滑坡泥石流、建筑物防台改造及新建标准等）、防雷工程、防积涝工程、防风工程、防高温工程、防低温冻害工程、防干旱工程、人工影响天气工程等。

2. 非工程性防御措施规划

非工程性防御措施规划应着重从气象灾害监测预警设施建设工程，灾害信息网络工程，灾害预警及防御措施发布基础设施建设工程，气象灾害应急保障工程，气象灾害监测、预警预报预测技术研究，业务系统建设，区域联防配套设施和制度的建立与完善，防御指挥系统建设，预警信息发布方式与渠道，气象灾害防御法律法规和知识普及与教育基地建设，防灾队伍建设等方面进行规划。

（四）防御方案

1. 防御体系

防御体系中应明确各级气象灾害防御组织机构及职责、各相关部门的职责，落实责任制。建立从村镇、社区、企业、学校等基础组织机构起，自下而上直至国家级的气象灾害防御工作体系，其中应包括气象灾害监测预警、防御指挥、防御组织实施、灾情监测调查、救助、防灾宣传教育等系统建设、体系结构框架和信息链路等。

由于突发气象灾害预警时效短，必须建立气象部门与村镇、社区、企业、学校等基层组织机构之间直接的防御体系，包括基层组织机构 24 小时有效获取气象部门预警信息的通信系统建设、应急处理中心、预警信息的接收和有效分发、气象灾害的监视和向气象部门的反馈、社区准备、人员培训和气象部门的检查指导等内容。

2. 应急预案

根据本区域气象灾害的特点，对重点灾害应建立响应的防御应急预案，预案中应明确各级政府建立依据气象预警信号启动相应等级应急预案的机制。形成政府根据气象主管机构提供的气象灾害预报、警报信息，决定应急启动和终止的气象灾害防御应急工作流程。

3. 分灾种防御方案

规划中应对本区域内重点气象灾害按照不同种类分别提出相应的防御要求和具体的防御措施。

4. 防御方案实施

各级政府应负责组织实施气象灾害防御方案。政府应根据气象灾害预报、警告信息，对出现气象灾害前兆的，结合当地气象灾害防御的实际需要，按照防御方案部署防御行动，及时划定气象灾害危险区，公告并设置明显警示标志，及时组织有关部门采取工程治理或搬迁避让等措施，保证气象灾害危险区居民的生命和财产安全。

(五) 灾害调查评估

1. 灾情调查收集

按《中华人民共和国气象法》的要求，气象灾害调查是各级气象主管机构的职责，规划应明确气象灾情收集的渠道，建立灾情收集上报的系统和制度，建立灾情调查制度和灾情数据库，完善灾情决策服务流程。

2. 气象灾害风险性评估

风险性评估是十分必要和紧迫的一项工作。在早期的城市规划和城市建设中，对城市自然灾害的危害性认识不够，导致城市在发生自然灾害时，生命财产损失较大，因此，在将来的城市建设和规划中必须系统地研究城市自然灾害的现状和发展规律，减少灾害的损失（吴健生等，2004）。各级气象主管机构都应当开展本区域气象灾害风险性评估工作。规划中要确定气象灾害风险性评估制度，明确评估范围和程序，要求各类专项规划，城镇、村镇建设规划，新建、改建、扩建工程，重点项目建设等都要在建设或规划审批前，进行气象灾害风险性评估，实现科学发展与防灾减灾的协调发展。

3. 气象灾害评估

（1）灾前预评估。灾前预评估是气象灾害出现之前，根据气象灾害预报的影响区域和等级所作的对其可能影响的评估，是当地政府启动防御方案的重要依据，预评估应当包括气象灾害可能影响的区域、行业和强度及应当采取的对策等。

（2）灾中评估。灾中评估主要针对影响时间比较长的气象灾害，如台风、连续性暴雨、雪灾、寒潮等。由于灾害在持续发生，所以在灾害发生发展过程中必须针对当时出现的情况进行中间评估。例如，洪涝已经出现，未来出现的降水的强弱和持续时间就非常重要，必须根据未来降水的预报对可能产生的影响做出评估，为防洪决策提供依据。

（3）灾后评估。灾后评估包括灾情、损失情况、产生原因、灾害影响、气象预报服务、防御的评估等。应根据气象灾害发生过程中的强度、范围、持续时间及发生灾害地区的经济、人口、社会等情况，并结合实地调查，抽样统计进行灾情评估，客观、定量核定灾情，为区域灾后重建和国家经济发展提供科学依据（黄荣辉等，2005）。

（六）编制建议

（1）在规划编制过程中要紧紧依靠政府领导，才可有效获取各方面支持。

（2）灾害普查必须严格把关，核查翔实。同时，也要抓住重点，防止全面开花，无果而终。

（3）灾害区划要严格论证，广泛征求意见，与相关部门协调一致。

（4）防御措施规划要站在政府的角度，统筹兼顾，重点突出，防止与其他规划的有关内容矛盾，其他部门已有规划和防御措施的，充分引用已有成果，如洪涝、地质灾害防治等。工程性措施规划应当把重点放在尚未研究的气象灾害上，非工程措施规划应与当地和部门的长远规划相衔接。

（5）防御方案与应急预案的编制要与政府有关预案相衔接，结合当地防灾实际，关键要将方案和预案的可行性和前瞻性结合起来，最终达到政府领导、多部门按职责配合实施、全民参与的效果。

（6）保障措施应在防灾资金投入、防灾科学问题和技术研究、防灾科普教育培训等方面加大力度，保证规划的落实和效益体现。

二 重大气象灾害应急预案编制技术

应急预案，又称应急计划，预案即预先制订的行动方案，是针对各种突发事件类型而事先制订的一套能切实迅速、有效、有序解决问题的行动计划或方案。重大气象灾害应急预案就是根据国家、地方法律、法规和各项规章制度，综合当地气象灾害特点和区划，以及本部门、本单位的防御灾害经验等实际情况，针对可能发生的重大气象灾害事件，为保证迅速、有序、有效地开展应急与救援行动、降低人员伤亡和经济损失而预先制订的有关计划或方案。它是在辨识和评估潜在的重大危险、事件类型、发生的可能性及发生过程、事件后果及影响严重程度的基础上，对应急机构及其职责、人员、技术、装备、设施（备）、物资、救援行动及其指挥与协调等方面预先做出的具体安排，它明确了在重大气象灾害发生之前、发生过程中及刚刚结束之后，谁负责做什么、何时做，以及相应的策略和资源准备等。编制重大气象灾害应急预案是我国"一案三制"应急体系建设工作中的重要内容，也是突发公共事件应急准备工作的基础，我国《突发事件应对法》等法律法规中对此均有明确规定。

（一）应急预案的基本内容

一个完整的重大气象灾害应急预案框架通常主要包括以下六大要件。

1. 总则

规定应急预案的指导思想、编制目的、工作原则、编制依据、适用范围。

2. 重大气象灾害组织指挥体系及其职责

具体规定重大气象灾害应急管理的组织机构及其职责、组织体系框架。

3. 管理流程

根据重大气象灾害应急管理的时间序列，划分为预警预防、应急响应和善后处置3个阶段。

4. 保障措施

规定重大气象灾害应急预案得以有效实施和更新的基本保障措施，如经费、通信信息、支援与装备、技术、宣传培训演习、监督检查等。

5. 附则

包括专业术语、预案管理与更新、跨区域沟通与协作、奖励与责任、制定与解释权、实施或生效时间等。

6. 附录

主要包括各种规范化格式文本、应急响应级别的细化标准、相关机构和人员通讯录等。

这6个方面共同构成了重大气象灾害应急预案的要件，它们之间相互联系、互为支撑，共同构成了一个完整的应急预案框架。其中，组织指挥体系及其职责、管理流程设计、保障措施规划是应急预案的重点内容，也是整个预案编制和管理的难点所在。

重大气象灾害应急预案应该具有可行性、及时性和全面性等特点。可根据重大气象灾害的类型、发生的区域和所影响到的行业、部门分级别、分部门编制。我国目前的重大气象灾害应急预案应有国家、省（自治区、直辖市）、地（市、州）、市（县、区）、乡（镇、街道）、村（社区）的政府专项应急预案，也包括受重大气象灾害影响的行业、部门编制的分预案，共同构成一个完善的重大气象灾害应急预案体系。

（二）组织指挥体系及职责

重大气象灾害应急预案的组织指挥体系具体规定了应急反应组织管理机构、参加单位、人员及其作用；应急反应总负责人及每一具体行动的负责人；本区域以外能提供援助的有关机构；政府和其他相关组织在事故应急中各自的职责。对组织指挥体系及其职责进行规定的基本原则是，要在统一的应急管理体系下，对分散的部门资源进行重新组合和优化，把体制建设与激励机制、责任机制、公私合作机制及观念更新相结合，从而为政府应急管理提供组织保证。

1. 从组织层次来看

可以把应急管理的机构分为领导机构、执行机构、办事机构三大类，它们共同构成一个科学的组织指挥体系。应按照"政府主导、部门联动、社会参与"的气象灾害应急体系设置组织机构。

（1）领导机构。为本级气象灾害应急管理的最高决策指挥机构，一般设立专门的重大气象等自然灾害应急领导小组，以便一旦特别严重的突发事件发生，便可立即转为应急指挥机构。

（2）执行机构。领导机构下设执行机构，目前各级政府都设立了防汛抗旱等指挥部，应将气象灾害等自然灾害应急执行机构合并设置，以实现资源、人员、权利的节约和优化，负责领导机构职能的具体实现，如定期召集有关政府官员和气象等相关部门专家就气象灾害防御中当年度或者是更长的时间内可能产生的突发事件进行预警并对相关事件进行调查评估，向领导机构定期汇报，提出相应的应急管理措施。

（3）办事机构。领导机构内设办公室，目前各级政府都设立了应急办，应对其扩充职能，增加重大气象等自然灾害应急处置的职能和人员，作为直接对领导机构负责的独立办事机构，负责办公室日常组织协调和指挥调度、应急预案的管理、在相关部门配合下更新与维护应急预案等具体工作。

2. 从组织网络来看

应急管理的组织指挥体系涉及纵向机构和横向机构的设置。

（1）横向机构。体现为三个层次。一是不同行政区域之间的人大及其常委会，二是不同行政区域之间的地方人民政府，三是同一行政区域内或不同行政区域间的行政主管部门。当然，横向机构主要是同一行政区内的具体应急管理部门之间的横向协调关系，包括气象、水利、农业、医疗、交通、公安、教育、财政等政府各部门，以及广播电视等宣传、通信等组织和军队、武警等。

（2）纵向机构。设置要体现实用、节约、高效的特点，各地方、各部门的应急管理机构应当依据相关法律法规和国务院"三定"方案，立足现行的体制框架，针对本地区、本部门的现状和地理条件、气象灾害、医疗设施、治安环境、政府活动、自然环境等不同方面的特点和特征，因地制宜地设置符合地方实情的应急管理体系。

（三）管理流程

按照政府应急管理的目的，即通过提高政府对突发事件的预见能力、救治能力及学习能力，及时有效地化解危急状态，尽快恢复正常的生活秩序。结合气象灾害特点和重大气象灾害事件都遵循一个特定的生命周期，都有发生、发展、影响、严重影响和减缓的过程阶段，可设计重大气象灾害影响、严重影响和减缓期应采取的不同应急措施。

气象灾害应急管理流程设计可将重大气象灾害应急总体上划分为预防预警、应急响应和后期处置3个阶段。

1. 预防预警

主要措施包括气象、水文、海洋、国土等信息的监测、预报与实况报告，预警预防行动，预警支持系统，预警级别及发布等，旨在做好重大气象灾害来临前的预防和准备工作。

2. 应急响应

主要措施包括分级响应程序、多部门信息实时共享与处理、通信、指挥和协调、紧急处理、应急人员与群众安全防护、社会参与、事件调查分析、检测与后果评估、新闻报道、应急结束等，旨在通过快速反应及时防御重大气象灾害及其衍生灾害造成的损失。按重大气象灾害的严重程度、损失可能性和影响范围等因素，应急响应一般分为特别重大（Ⅰ）、重大（Ⅱ）、较大（Ⅲ）和一般（Ⅳ）四级。应急预案对突发公共事件的预测预警、信息报告、应急响应、应急处置、恢复重建及调查评估等机制都做了明确规定，形成了包含事前、事发、事中、事后等各环节的一整套工作运行机制。

3. 后期处置

主要措施包括灾害评估、善后恢复、社会救助、保险赔偿、应急工作调查报告与总结改进，旨在尽快降低应急措施的强度，尽快恢复正常秩序。

（四）保障措施

气象灾害的特点是影响范围广、影响面大、造成损失多，其应急管理涉及社会的各个部门，包括农业、林业、交通、通信、城建、医疗卫生、救援、安全、环境、财政、军事、能源等部门。这就要求相关部门协同运作，快速有序地采取措施。从而对财力支持、物资保障、人力资源保障、法制保障、科研保障和社会动员与舆论支持方面提出了要求。在各应急部门之间的职责分配方面，可以运用职能方法，对最可能需要的各类援助进行分组，每项职能由一个主要机构领导牵头负责，其他职能部门提供支持。通过职能细分，明确应急管理过程中各环节的主管部门与协作部门，每一项职能分别对应若干各主要的牵头机构和辅助机构，并制定各机构的具体责任范围和相应的应急程序。通过以应急准备及保障机构为支线，明确各参与部门的职责，这就形成了有法可依、有章可循的部门协同运作的整体制度框架。

应急预案要在重大气象灾害防御中发挥作用。预案中除明确各部门和组织的职责，明确通信信息、支援与装备（现场救援工程抢修、人员队伍、交通运输、医疗卫生、治安、物资、经费、社会动员、避难场所等）、技术支撑等实际部门的协同运作方式外，还需要对日常的宣传培训演习、监督检查等作出明确规定，这样才能使得政府应急预案基于制度、成于规范，在实践中根据不断变化的新情况、新问题而不断发展和完善。

（五）编制建议

截至目前，全国重大气象灾害应急预案省（自治区、直辖市）、地（市、州）、市（县、区）的编制工作已取得阶段性成果，各级应急预案编制完成并已实施，但在落实方面存在许多问题：一是重大气象灾害应急预案中各省（自治区、直辖市）、地（市、州）、市（县、区）的应急预案逐步由部门预案上升到政府专项预案，但因其组织机构的不完善或设计缺陷造成名为政府专项预案、实为部门预案的现实效果，还无法达到真正的多部门联动、社会参与的效果，应急的综合效果不佳；二是作为气象灾害防御的薄弱环节，绝大多数乡（镇、街道）、村（社区）因没有气象机构，也便没有相应的应急预案，而现实中气象灾害对它们造成的影响和损失最重。受台风影响严重的浙江等省在实施"预案横向到边、纵向到底"的措施中，突出了气象灾害防御应急中基层单元的作用，取得了明显的效果。可见，基层单元的预案制订和落实是一项十分重要而又艰巨的任务。要使气象灾害应急发挥应有的作用，应着力抓好以下方面的落实。

（1）因重大气象灾害造成的损失大、影响范围广、涉及社会各个方面，其应急预案应为政府专项预案。

（2）重大气象灾害应急预案中对组织管理体系进行有效调整，政府可将气象等重大自然灾害的应急指挥机构进行资源整合，优化结构，既可节约应急成本，又可达到有力协调的作用，达到真正意义上的应急响应多部门联动、社会参与的效果。

（3）按照应急预案体系的总体要求，完善、修订与应急工作相关的法律，减少应急预案无法可依而导致的有些应急响应措施的违法行动，如台风防御中强行让渔民上岸避风的强制措施；修订不同预案之间存在的一些不协调甚至相互矛盾的地方，加强主管部门与配合部门之间的协调和衔接。

（4）要下大力气抓好社区、农村、重点企事业单位等气象灾害防御基层单元应急预案的编制工作，从而最终形成一个真正的"横向到边、纵向到底"的预案体系。

当前，我国沿海地区和大城市的预案编制和落实工作做得比较好，内地特别是农村地区等基层相对比较欠缺。而相对比较落后的地区，由于存在更多的风险和隐患，所以特别需要加强应急管理和预案编制。

（5）强化预案的执行和管理。应急预案不是万能的，应急管理不能以不变的预案应变幻莫测的气象灾害，因此，需要加强应急预案的指导性、科学性和可操作性。一方面，应急规划及预案只能适用于特定的时空和通常的气象灾害情景，不能随意普适化；另一方面，规划及预案本身并不能自动发挥作用，要受制于其制订水平和执行能力的高低。为此，应急预案需要在实践中落实、在实践中检验，并在实践中不断完善。

要使应急预案很好地发挥作用就需要：一方面，在平时做好培训、演练、队伍建设、宣传教育，以及应急信息平台、指挥平台建设等准备工作，不断提高指挥和救援人员的应急管理水平和专业技能，提高预案的执行力；另一方面，抓好以预防、避险、自救、互救、减灾等为主要内容的面向全社会的宣传、教育和培训工作，不断增强公众的危机意识和危机管理技能。

第五章

气象灾害防御各阶段的主要任务

气象灾害并不可怕，真正可怕的是面对突发气象灾害时，政府机构和居民对此缺乏忧患意识和准备。无论是从 2005 年发生在美国的"卡特里娜"飓风，还是从 2006 年发生在我国的"桑美"超强台风中都不难发现，如果社会各界对此有足够认识，政府和社会团体能有效组织防御工作，一定能最大限度地减轻气象灾害造成的人员伤亡和财产损失。高效有序的气象灾害防御包括防御准备、灾前防御、应急减灾、灾后恢复 4 个组成部分。

第一节 防御准备

气象灾害防御准备是防御气象灾害和减轻气象灾害损失的基础工作，包括气象灾害普查与详查、灾害区划、防御规划与防御标准、灾害防御法规体系建设、设施建设与质量监督、防御流程及预案，以及灾害防御技术培训与科普宣传等工作。

一 灾害普查与详查

我国气象灾害种类多、地形复杂。自 2006 年起，我国在全国范围内开展了气象灾害基础性普查工作，以行政村为基本调查点，重点调查威胁人民生命财产安全的气象灾害种类，基本掌握了全国气象灾害的分布范围、危害对象、灾害损失、最大强度、发生频率、易发区重发区位置、致灾主要因子、灾害防御薄弱环节等信息；并对我国气象及相关灾害区进行分级分类，逐步建立了国家、省两级气象灾害数据库，为科学防御气象灾害提供依据。普查的内容包括：每次灾害过程出现的时间、强度、路径、区域、频率，以及影响的行业、损失情况和原因等，全面客观地收集了各地热带气旋、非台暴雨、大风、冰雹、龙卷风、雷电、干旱、低温冻害、高温、大雾、地质灾害、病虫害、森林火灾等气象灾害在本区域的发生发展规律及对经济社会的影响。

气象灾害详查是在普查的基础上，对对本地区造成重大影响的天气气候事件进行详细调查和影响分析评估。目前，国内气象灾害详查开展较好的是暴雨引发的地质灾害的详查，详查的内容为地质灾害的类型、规模、结构特征、影响因素和诱发因素等，并对其复活性和危险程度进行了评估。为科学准确地制定风电发展规划，从 2007 年起，我国在风能普查的基础上，开展了风能资源详查和评价工作。风能资源详查和评价主要包括：建立风能资源专业观测网，形成高质量的国家风能资源数据集，并将高分辨率数值模拟技术应用于风能资源详查中，使详查成果更加具有客观性。

二 灾害区划

灾害风险是致灾因素对承灾体可能引起的灾害事件发生的概率及其后果这两个因素的函数。风险分析体系由风险辨识、风险估算和风险评价与对策组成。风险辨识着重阐明孕灾环境、致灾因子、孕灾体及其受灾的特征。风险估算是风险体系的核心，根据灾害事件的成因，通过建立估算模型，定量估算致灾因子的强度、发生概率，以及承灾体致灾损失等后果。风险评价旨在回答"怎样才能安全"，包括风险区划、保险区划，以及提供决策者权衡风险的大小、做出减灾决策、降低风险的科学依据。

要使气象灾害防御做到以防为主，各级政府就必须组织气象等相关部门开展本行政区域内的气象灾害普查工作，研究本地气象灾害的时空特点和危害程度，确定产生气象灾害的临界气象条件，分析气象灾害的临界气象条件出现的概率，调查研究承灾体的脆弱性，确定气象灾害重点防治区和一般防治区，建立区域性气象灾害分区图；按灾种分析各类气象灾害的影响区域、影响行业、损失情况、原因等，通过解剖典型个例，具体分析气象灾害对不同地区、不同产业、不同基础设施、人民生命财产等的影响，最终做出本区域的气象灾害风险区划。国内深圳市较早编制了《气象灾害风险区划》和《深圳市 2000 年以来气象灾害及风险分析评估报告》，为全国开展灾害性天气预警预报和政府防灾救灾决策提供了很好的示范作用。

三 防御规划与防御标准

制定和落实防御规划，研究确定重点区域分灾种气象灾害防御标准。1999年联合国国际减灾十年活动论坛通过的"日内瓦减灾战略"指出，要从总体上改变现有的减灾观念，即要从灾后的反应转变为灾前防御。为此，提出 21 世纪的减灾战略是提高人们对自然、技术和环境致灾因子可能对现代社会造成危害的风险的认识，确立政府在减灾中的责任，通过建立减少风险的网络，提高社区抗御灾害的能力，减少灾害所造成的损失。为实现上述战略，我国要建立综合减灾和降低风险的战略。我国在参与国际减灾十年活动中也制定出减灾规划（1998～2010 年）。规划中所明确的减灾工作目标是：通过建设一批对国民经济和社会发展具有全局性、关键性作用的减灾工程，广泛应用减灾科技成果，提高全民减灾意识和知识水平，建立比较完善的减灾工作运行机制，减轻各种灾害对我国经济和社会发展的影响，使灾害造成的直接经济损失率显著下降，人员伤亡明显减少。《中华人民共和国气象法》第二十九条也明确规定"县级以上地方人民政府应当根据防御气象灾害的需要，制定气象灾害防御方案，并根据气象主管机构提供的气象信息，组织实施气象灾害防御方案，避免或者减轻气象灾害"。因此，要根据重大天气气候灾害演变趋势，并结合我国社会经济发展情况，不断对重大天气气候灾害防御规划进行完善。

各级政府还要依法组织气象等相关部门，依据当地气象灾害及其风险区划，针对各类气象灾害组织编制防御规划、方案和政府专项应急预案，明确气象灾害防御各部门的职责和联动机制、气象灾害防御重点和防御措施等事项，完善气象灾害防御组织领导体系和群策群防组织体系。各有关部门要按照气象灾害防御规划、方案和应急预案的有关要求，编制气象灾害防御分方案、分预案，进一步分解任务、明确目标、细化责任，并按照规划、方案和应急预案落实具体的非工程性防御措施和工程性防御措施，在气象灾害来临前，做到规划预案先行、设施齐备、措施到位。

为构建科学合理的灾害防御规划，对灾害做出科学的评估分析，需要加强气象灾害防御标准的建设。制定全国气象灾害普查技术标准和工作规范，推进全国气象灾害普查工作；建立气象灾害风险评估的指标体系，确定各种风险度的分级标准；建立各类气象灾害危险性、承灾体易损性、灾害损失程度和风险指数、风险等级的评价模式；建立城乡规划、重大工程建设的风险评估制度和气候可行性论证制度，建立相应的强制性建设标准；建立分灾种、分部门的气象灾害防御指标体系和防御措施。

四 灾害防御法规体系建设

建立健全气象灾害防御法律法规体系和标准体系。根据美国、日本等灾害防御水平较高的国家的经验，防御之前先立法，是规范气象灾害的基础保证。1999年10月，《中华人民共和国气象法》正式颁布实施，对"气象灾害防御"做了较为原则的规范；2007年8月，《突发公共事件应对法》对自然灾害防御也有原则规定，但在气象灾害实际防御中可操作性差，没有发挥应有的作用。2010年1月国务院出台的《气象灾害防御条例》，明确气象灾害防御的管理组织机构、各级人民政府及其有关部门在气象灾害防御中的职责和任务；规范和强化气象灾害防御规划、气象灾害预警信息发布、应急响应、重大工程设计建设和城乡规划建设气象灾害风险评估的基础性作用；细化各种气象灾害特别是极端气象灾害的预防措施；强化气象灾害监测和预警工作；重点突出和明确气象灾害的应急机制和措施等。今后还要抓紧制定《气象灾害影响评估办法》《重大灾害性天气联合监测预警办法》等配套规章制度。加快建立国家、行业、地方气象灾害防御标准体系框架。适时启动《中华人民共和国气象法》修改的调研论证工作，不断健全气象灾害防御法律法规体系。加快推进以国家标准和行业标准为主体的气象灾害防御标准体系建设，根据气象灾害种类及风险区划，制定或修订气象灾害防御工程标准和非工程标准，增强灾害防御的科学性、规范化、标准化。

五 设施建设与质量监督

气象灾害防御设施分为工程性和非工程性设施两部分，工程性设施建设主要是国家和地方根据暴雨发生情况，加强河道、水库、堤防、闸坝、泵站等防洪设施建设，定期检查各种防洪设施的运行情况，及时疏通河道和排水管网，做好重要险段的巡查工作；根据干旱灾害的发生情况，因地制宜地修建中小型蓄水、引水、提水和雨水集蓄利用等抗旱工程，储备必要的抗旱物资，做好保障干旱期城乡居民生活供水的水源储备工作；根据大风、台风等灾害情况，建设防风林、防浪堤，完善防风实施，加固户外设施等。同时，根据天气和气候灾害情况，各公共服务部门应加强对水、电、气、暖、通信等线路的规划、设计、铺设和维护，提高气象灾害综合防御能力；人工影响天气工程和防雷工程是针对性较强的气象灾害防御辅助性工程，应进一步加强其系统和设施建设。非工程性设施主要是气象灾害的监测预警预报系统、信息共享平台、应急指挥系统、气象灾害风险评估和气候可行性论证系统、预警信息发布系统等。

我国气象灾害防御的基础设施建设比较薄弱，部分地方政府尚未将气象灾害防御列入当地社会经济发展规划，气象灾害应急设施建设未得到重视；综合防御和救助体系配套设施缺乏，投入机制和措施不完善，存在重救灾轻防灾、避灾、减灾的现象，气象灾害防御资金投入不足，避灾、减灾的措施难以到位，防御设施欠账太多，特别是农村气象灾害防御基础设施严重缺乏，直接影响防御能力的提高。只有不断加强气象灾害防灾减灾基础设施建设，强化重点行业和重点地区气象灾害防灾减灾基础设施建设，重点开展海堤、水库、防风林、城市排水设施、避风港口、紧急避难场所等应急基础设施的建设和完善，及时疏通河道，抓紧进行病险水库、堤防和海塘等重要险段的除险加固，才能保证工程设施防灾抗灾作用的有效发挥。只有加大非工程性设施建设力度，强化气象灾害监测预警预报系统，建成全覆盖的预警信息发布系统、实时共享的灾害信息平台、高效便捷的应急指挥系统，才能保障防御工作的高效、有序开展。

为保证防御设施的质量,应按照国家和有关部门规定的气象灾害防御标准和设计、施工规范,加强各类建筑物、设施的质量监督和检查,切实提高气象灾害的综合防御能力。各级政府有关部门要认真组织开展气象灾害隐患排查,深入查找抗灾减灾工程设施质量、技术装备和物资储备配备、组织体系和抢险队伍建设等方面存在的隐患和薄弱环节,特别要加强对学校、医院、敬老院、监狱及其他公共场所、人群密集场所的隐患排查,制订整改计划,落实整改责任和措施。

六 防御流程及预案

有效的气象灾害防御需要全社会广泛参与,并根据各自的特点制订应急预案和应急工作流程。应急预案从政府的专项预案、部门预案、企事业单位预案,一直延伸到村(从 2007 年起,福建省全面启动了 1.4 万个行政村的防汛防台预案,有效地解决了农村基层组织的气象灾害防御问题)。气象灾害防御预案要以气象灾害防御规划和气象灾害风险评价为科学依据,区分不同气象灾害级别,由不同级别的政府组织防灾、抗灾和救灾工作,形成由政府组织、各部门分工协作的防灾体系,明确气象灾害应急预案启动的标准、气象灾害应急组织指挥体系及其职责、预防与预警机制、应急处置措施、应急保障措施等内容。建立与气象灾害预警信号等级相关联的应急启动标准,完善防、抗、救相结合的应急响应机制。

根据各类气象灾害的特点,各级政府应建立健全分灾种的应急预案,进一步明确有关部门在预防和处置气象灾害中的职责,完善应急处置流程,增强预案的针对性和实用性。建立气象灾害预报应急会商和信息通报机制。加快建立气象预警信息员、志愿者及应急联系人队伍。扩大气象协管员队伍并切实加强培训工作。完善气象应急信息管理平台,建立统一指挥、反应灵敏、协调有序、运转高效的应急气象服务保障机制。适时启动相关应急预案,确保响应迅速、保障有力、服务到位。建立基层突发气象灾害应急准备认证制度,组织开展社区、村镇突发气象灾害应急准备的认证工作;要定期举行气象灾害应急演练,使灾害防御的成员单位熟悉流程、增强应急处置能力,同时也使群众增强自救能力,全面提高基层单位综合防御气象灾害的能力。

七 灾害防御技术培训与科普宣传

加大气象灾害防御知识和方法宣传,开展切合实际的应急演练。广泛开展全社会气象灾害防御知识的宣传工作,增强公民气象灾害防御意识,要对居民进行各种防灾教育、防灾训练，使民众知道在气象灾害发生前和灾害发生时，应该如何应对，才能确保自己受害最小。充分发挥新闻、气象、电信、教育等部门的力量，通过电视、广播、报纸、网络、手机、电子显示屏等各种载体，加强对全社会气象灾害防御知识的宣传，将气象灾害防御知识列入国民教育体系，特别要加强对农民、渔民、中小学生等的防灾减灾知识和防灾技能的宣传教育；定期组织有针对性的气象灾害防御演练，提高全社会的气象灾害防御意识和正确使用气象信息及自救互救的能力。

八 备灾资源准备和储备

备灾资源准备和储备工作是灾害应急救助体系建设的重要组成部分，也是各级政府和有关部门依法行政，履行救灾职责的重要任务。各国重大气象灾害的救灾实践充分证明，只有不断增强风险防范意识，大力加强救灾应急物资储备工作，才能有效应对各种突发灾害，及时保障受灾群众的基本生活，维护经济社会的稳定和发展，最大限度地减少灾害损失。备灾资源准备和储备工作的重点是做好建立健全救灾应急物资储备管理制度、实施物资储备、建立健全救灾应急物资储备管理信息系统等工作。一是要建立健全救灾应急物资储备管理制度。按照救灾工作分级管理、分级负责的原则，在各级救灾预案中进一步充实和完善救灾应急物资储备工作内容，统筹做好各项工作。建立救灾应急储备物资采购制度、救灾应急物资的入库验收制度、救灾应急储备物资日常管理的规章制度，明确各级救灾应急储备物资采购、管理、调拨和使用的权限与程序，严格按照救灾储备物资采购、储备、调拨和回收等各个工作环节的程序和规范组织救灾应急物资储备工作。二是各级政府和有关部门要根据自己的职责范围和实际需要储备适量的救灾物资。民政和水利部门要利用现有的救灾物资储备网络，储备充足的灾民生活和抗洪抢险救灾物资；经贸、内贸和粮食部门要建立救灾应急所需的方便食品、饮用水、粮食等救灾物资的采购和供应机制，保证货源充足、质量合格、价格合理；卫生和药品监管部门负责储备、采购应急所需的药品、疫苗、医疗器械等。三是要加大救灾应急物资储备管理信息系统建设力度，实现各级救灾应急物资储备信息共享，应急物资储备管理信息系统要准确更新救援物资的生产厂商、名称目录、货物类型、可供数量、运输路线等信息，救灾应急物资储备管理和实施部门要与重要应急战略物资生产厂家签订协议，应急期间实行先征用后结算的办法，保障救灾应急物资供应渠道畅通，确保气象灾害应急期间，受灾群众能够得到及时、全面的救助。

第二节 灾前防御

暴雨洪涝、台风和干旱等灾害是对我国人民的生命财产安全威胁最大的自然灾害。要有效组织灾害防御，就要构建在气象监测、气象预报、气象灾害影响评估、气象灾害预警系统基础上的灾害防御体系，增强全社会应对重大突发气象灾害的能力，提高气象预警服务信息的覆盖面，减少人员和财产损失，为我国经济社会可持续发展提供有力保障，为建设和谐社会提供气象支持。

一 气象灾害监测

气象防灾减灾的基础是气象灾害的监测。为加强气象灾害监测能力，就需要建立中小尺度的暴雨监测网、暴雨洪涝综合监测网、区域水循环监测网、河流上游重要敏感区强天气信号监测体系，以提高暴雨洪涝的监测精度；建立实时台风监测系统，开展近海风暴潮、巨浪观测，以提高对台风的监测能力；通过卫星遥感技术的应用、研制干旱监测诊断系统，提高干旱监测能力。以气象部门为主，多部门联合建设跨地区、跨部门的交通、海洋、水文、城市、农业输电线路等气象灾害监测网。建设和完善地面、高空、空间气象灾害观测系统，实现对气象灾害的全天候、高时空分辨率和高精度的连续观测，对重点区域的主要气象灾害进行无缝隙监测；建设各有关部门气象灾害及相关信息实时快速的交换网络和共享平台，实现全国气象灾害信息的高度共享；联合开展监测技术研究和监测信息应用研究，不断提高监测能力和分析应用能力，为防御气象灾害当好"侦察兵"。

二 灾害预报与预警

气象防灾减灾的核心是对气象灾害的准确预报预测，必须加强气象灾害的预报预测工作，想方设法提高预报预测的准确率，才能提高防御的目的性和有效性。要以国家、省级气象灾害预报预测业务系统建设为主，辐射至地级、县级气象灾害预报预测业务系统建设，重点包括干旱预测预警，台风预报预警，暴雨洪涝预报预警，雷电、冰雹、龙卷风等强对流天气短时临近预警，沙尘暴预报预警，低温冻害预报预警，高温热浪预报预警，以及气象灾害预报预测综合支撑系统、气象灾害历史资料处理等业务系统建设。综合处理、分析气象灾害监测系统获取的气象数据，为业务人员实时提供综合分析产品，制作各种灾害性天气气候预测预警产品，实现对干旱的实时分析和多时间尺度的干旱预测预警，实现对台风的跟踪监视并不断提高台风预报、预警能力，提前2～3天制作和发布区域性暴雨发生的强度和落区预报，滚动制作强对流天气及相关灾害的短时临近预报和警报，及时、准确地进行沙尘暴、低温冻害、高温热浪预报预警，为防灾减灾提供科学依据。要提高预报的针对性、精确性，就要实现分片警报，对影响范围广、持续时间长的灾害天气与局地性灾害天气发布灾害预警时实行区别对待。深圳市实现了针对重点街道、社区的预警，并借助移动通信基站设置了以平方千米为单位的手机短信通报系统，开展"对点广播"，发挥了很好的作用，具有一定的示范作用。

此外，气象部门要加强与有关部门的合作，根据气象灾害对不同行业领域影响的特点，建立和完善城市气象灾害、农业气象灾害、海洋气象灾害、水文气象灾害、交通气象灾害、地质灾害、大气环境灾害、森林草原火险、自然生态灾害、空间天气灾害等的预警业务系统，及时加工制作并显示专业化的气象灾害预报服务产品，提高预报服务的及时性和针对性，使气象灾害预报专业服务发挥更好的参考和决策作用。

三 预警信息发布

及时发布气象灾害预警信息是提前做好防御准备的关键，是成功防御的基础。要充分利用现有的信息发布资源，建立和完善气象灾害预警信息发布系统，完善突发气象灾害预警信息发布制度。要建立和完善报纸、电视、电台、网站等公共媒体、卫星专用广播系统和专用海洋气象广播短波电台、移动通信群发系统、无线电数据系统、公共气象服务门户网站、中国气象频道等气象灾害预警信息发布平台，在人员密集场所设立电子显示屏、警报接收机等设施接收气象灾害预警信息，扩大预警信息的公众覆盖面，实现气象灾害预警信息"进农村、进企事业、进社区、进学校"。在一切可能覆盖的范围内，以最快的速度发布气象灾害预警信息，为灾前防御争取时间。

各级政府要建立和完善气象灾害预警信息发布系统，规范突发气象灾害预警信息发布流程，实现及时快速、广泛覆盖地发布预警信息，才能最大限度地提高防御的主动性和有效性。海南省政府高度重视气象预警信息发布工作，省政府组织气象、"三防"、海洋、移动运营商等部门全面系统地开展气象预警信息发布工作。构建了功能完善的手机短信和有线电视全网发送机制，实现全省范围内灾害性天气的分级、分部门传递。发布灾害性天气预警时，通过手机短信发送到气象灾害所在地防御责任人和"三防"责任人处。发布强台风、特大暴雨等重大气象灾害预警时，通过海南有线电视和海南移动公司、海南联通公司发送平台将气象预警信息发送到全省有线电视用户和手机用户。政府充分调动各部门防御气象灾害的资源，极大地提高了海南重大气象灾害预警信息的覆盖面和及时性，有效地提高了全社会防御重大气象灾害的能力。实践证明，这是一种效果好、速度快的发布方式，值得推广应用。

四 灾害评估

气象灾害评估是在气象灾害监测预测的基础上，综合灾害发生区域的社会经济易损性及抗灾能力、灾害应急救助措施及预案，综合评价气象灾害带来的影响。例如，对干旱、暴雨洪涝、台风、大风冰雹、龙卷风、沙尘暴、低温冻害、雪灾、大雾、雷击、高温热浪等进行监测和预测，并评估这些气象灾害可能对影响区域国民经济的影响，以提前做好防灾准备和灾害应对工作，将各种损失降低到最小。在灾害评估中，还要考虑到由自然灾害、人为灾害及其引起的衍生或次生灾害影响所造成的综合破坏，关注它们在越来越复杂的社会中的社会和经济影响，关注它们对资源和生态环境所产生的长期影响。

要不断改进和完善现有的灾害评估方法，建立气象灾害影响评估系统，实现对气象灾害影响的预评估、灾中评估和灾后评估。利用先进的统计分析和数值模式模拟技术对各类气象灾害造成的影响进行合理、客观、定量评估，重点分析气象灾害对农业、林业、牧业、水资源、能源、交通运输、生态环境、人类健康和旅游等方面造成的影响，及时制作气象灾害评估产品，为防灾、减灾、救灾服务。

开展灾害评估业务是科学防御灾害的一个重要环节。要建立、完善气象灾害影响预评估、灾中快速评估、灾后综合分析评估业务系统，科学开展灾害评估工作，并提出应对和防御措施，为防御工作的决策部署提供科学的参考依据，这对减轻或避免气象灾害对我国主要经济领域造成重大影响，以及有效地开展灾后援助和灾后重建工作具有重要作用。气象灾害影响预评估是在气象灾害发生前，基于预测预报信息，利用灾害预评估模型对其可能带来的灾害影响进行预评估；灾中快速评估是在气象灾害发生时，利用灾害评估模型等进行灾中影响跟踪评估；灾后综合分析评估是在气象灾害发生后，对气象灾害及其社会经济影响进行综合评估和总结。

气象部门应根据气象灾害预报和当地同类气象灾害损失资料，结合当地的自然地理环境条件、社会发展条件、承灾体的灾害承受能力，利用科学的方法做出气象灾害风险程度和可能带来的损失的评估，为政府防灾管理机构提供参考依据；政府防灾管理机构再按照气象灾害的评估情况，根据防御设施的现状，及时部署强化措施，加固工程设施，提前做好预防工作和应急准备工作。

五 联动防御行动

近年来，各级政府和有关部门初步建立了气象灾害及其次生灾害应急处置机制，政府主导、部门联动、社会参与的气象灾害防御体制正在日臻完善。多数省（自治区、直辖市）通过气象灾害防御条例、气象灾害预警信号发布规定、气象灾害防御部门预案等形式建立了以预警信号为先导的部门联动和社会响应机制。内容主要是明确各有关部门、单位应制订相应的气象灾害应急预案，组织实施部门联动和社会响应；明确预警信号发布后各有关部门、各单位的职责，以及需要采取的防御措施；各有关部门、各单位按照预警信号发布的相应级别自动启动相应预案。通过气象预警信号与应急预案相衔接，使气象预警信号成为全社会启动防御预案的"消息树"和"发令枪"。

"国际减灾十年"的经验证明，大多数灾害的风险管理常常需要多部门相互协作，减灾需要全社会的广泛参与。要以多部门协作机制为基础、信息网络系统为支撑，实施共建共享、共研共用、联动联防的气象灾害防御行动。特别是预计重大灾害性天气发生时，开展跨部门的防灾会商，与政府应急办、三防办、国土、环保、海事、卫生、建设等单位建立视频和电话会商机制，共享研究成果，通报灾情、灾害影响范围、灾害程度及主要防御措施，共建探测设施或进行探测数据互换，使更多的部门和行业从不同角度参与到联动联防中来。气象灾害防御的终极目标是把防灾管理和服务做到基层，要成立气象志愿者队伍，借助他们进行气象信息传播、防灾指导和灾情报告。要通过气象灾害防御应急知识的普及和应急演练，增强基层组织和广大民众对气象灾害的应急处置能力。

第三节　应急减灾

气象灾害应急处置是各级政府和相关部门及责任单位按照预案自动响应或者应上级指令而开展的应急处置工作，应急处置过程一般分为应急启动、应急响应和应急终止等过程。气象灾害预报预警和灾害评估的预见性、前瞻性和动态变化性，决定了气象灾害应急启动和终止环节的"消息树"和"发令枪"的作用，各级人民政府在气象灾害应急处置中起着领导核心的作用，要依靠气象灾害应急处置指挥信息系统，实现重大气象灾害预警应急响应工作由部门行为向政府行为转变，组织协调灾害防御有关部门和单位按照预案的责任和运行机制，特别要做好气象灾害应急救援物资储备调动工作，安排应急救援装备、设施、避难场所到位。

一 应急启动

气象部门根据灾害性天气的预报，按照规定标准，及时发布有关区域不同级别、不同气象灾害类别的预警信号或警报，该区域内的政府气象灾害防御管理机构、有关部门和单位应依据气象灾害预警信号或警报，在规定的职责和权限范围内按照相应的应急预案标准，启动相应级别的气象灾害应急响应。有关部门、单位应急启动后，要将启动的等级和准备情况及时报政府管理机构和上级部门，并及时向横向有关部门通报情况。

二 应急响应

气象灾害防御管理机构启动应急预案后，各相关部门、机构、企事业单位、社会团体和公民都应严格按照预案规定，尽职尽责地开展应急响应工作。任何单位和个人必须服从应急指挥机构的命令，积极配合开展应急减灾工作，对应急响应中有关单位或个人无偿贡献相关装备设施而遭受损失者，应急响应结束后，应按照相关规定给予补偿。

气象灾害种类多、强度变化快，不同气象灾害种类对各行业的影响也不同，所以各部门在收到气象灾害预警信息及防御指南后，要根据不同气象灾害种类及其影响程度，采取对应的应急响应措施和行动。为提高气象灾害应急响应中的行动效率，本书根据国内一些地区的分灾种应急联动措施，归纳出了台风、暴雨洪涝、暴雪和冰冻、寒潮降温、沙尘暴、高温、干旱、雷电冰雹、大雾和霾的分灾种应急响应中各相关部门的职责和任务及应急响应措施。

（一）台风

气象部门及时、准确地发布台风预警信号及相关防御指南，向政府及有关部门提供台风灾害评估意见。

海洋渔业部门加强管辖海域风暴潮和海浪的发生发展动态，及时发布预警信息。海上作业渔船回港或就近避风；停止水产养殖作业，采取加固网箱、鱼排等防风措施，船上人员和水产养殖人员全部撤离到岸上安全地带。

海事部门通过海岸电台及时向海上船舶播发最新台风动态信息；提醒有关船舶加强值班，督促船舶有序进入锚地避风。

水务部门根据预报的风力和风灾风险评估结果，启动相应的防台预案，通知各水库、河道、泵站等组织水库抢险、排洪。

民政部门准备开放紧急避难场所，负责受灾群众的紧急转移安置并提供基本的生活救助。

公安部门加强对重点地区、场所、人群、物资设备的保护，提示进入高速公路的车辆注意防风；根据具体情况，封闭部分高速公路，实行道路警戒和交通管制。

教育部门提示学校做好防风准备工作、检查安全隐患；检查各学校停课及对已到学校学生的保护情况。

建设部门督促施工单位根据台风等级，严格按照施工安全的法律、法规、规范、标准、规程做好防台风工作。

城管部门组织检查户外危险广告牌，负责道路两侧树木的防风和加固，组织拆除户外危险广告牌或设立危险标志，及时清理折断和倒伏的树木。

农林部门根据不同的风力情况发出预警通知，指导农业、林业生产单位采取防风措施，减轻灾害损失。

交通公路部门在危险路段设立醒目的警示标志，确保气象灾害发生时陆、海、空交通安全通畅，组织运送救援人员、受灾人员、救援设备、救灾物资等，组织、指挥、协调修复因受灾而中断的国道、省道和内河航道，以及其他受损的重要交通设施。

卫生部门做好医疗救护准备工作，随时开展抢救伤员、防治疫情工作。

旅游部门组织各旅游景点做好防风准备，并广播通知游客，督促各旅游景点采取措施保护游客安全。

安监部门通知安委会各成员单位做好防台风期间的安全工作，督促高危行业、企业做好防台工作，参与、协调事故的抢险、救灾工作。

贸工部门负责救灾款物的筹集和储备。

基层政府启动相应应急预案，组织辖区内的灾害防御、救援工作。

各街道办事处通知居住在各类危旧住房、厂房、工棚、临时建筑的人员注意防风，并组织检查安全隐患。

武警部队进入紧急备战状态。

学校做好防风准备，及时收听有关台风信息，停止户外活动，对已到学校的学生实施保护。

社区做好防风准备，及时收听有关台风信息，检查该区各项防风情况，组织力量对区内出现的灾情进行救援。

建筑工地及时收听有关台风信息，采取防风措施，达到预警级别的停止户外作业。

机场、港口发送预警信息到所有进港船只、进机场航班，指挥、协调航班、船只的防风工作，达到预警级别的港口船舶全部停航，妥善安置滞留旅客，加固停放民航客机、船只。

供电、供水、燃气等基础设施企业及时收听有关台风信息，采取防风措施，避免设施损坏，出现险情时迅速调集力量，组织抢修毁坏设施。

广播、电视等媒体，移动、联通、电信等运营企业根据气象部门的要求及时发送台风、大风预警信息，采取防风措施，避免通信设施损坏，出现故障时迅速调集力量，组织抢修毁坏设备。

气象信息员主动传递台风信息、报送台风灾情，配合做好台风灾害防御工作。

市民注意收听、收看媒体传播的各类台风信息，及时了解台风动态；不要到台风经过的地区旅游或到海滩游泳，尽量减少外出；楼房居民应将阳台上容易坠落的花盆、晒衣架等物品收好，并加固室外易被吹动的物体；户外人员尽量避开大树、广告牌、围墙、电线杆、高压线和高大建筑物。

（二）暴雨洪涝

气象部门及时、准确地发布暴雨预警信号及相关防御指南，向政府及有关部门提供暴雨洪涝灾害评估意见，与水务、国土业务部门启动联动工作机制。

水务部门根据降雨预报和可能发生的洪涝情况，启动相应的防汛预案，通知各水库、河道、泵站等做好防洪准备，疏通排水管道，避免或减缓强降雨造成的道路积水，及时排除因洪水造成的险情。

国土资源部门及时发布地质灾害预警信息，通知地质灾害易发点安全责任人员重点巡查地质灾害易发点，对已出现和可能出现事故的地点实施抢险救灾工作。

民政部门开放紧急避难场所，为进场人员提供必要的防护措施，组织转移、安置、慰问灾民。

公安部门加强对重点地区、重点场所、重点人群、重要物资设备的保护；组织警力，随时准备投入抢险救灾工作；限制高速公路车流车速，及时处置因暴雨引起的交通事故，负责灾害事件发生地的治安救助工作；必要时封闭高速公路，实行道路警戒和交通管制。

教育部门提示学校做好防雨准备，暂停室外教学活动，督察学校保护已经抵达学校的学生的安全，低洼地区的学校要组织撤离。

建设部门督促施工单位根据暴雨等级严格按照施工安全规程做好防暴雨工作。

城管部门组织检查公共场所积水情况和因暴雨造成的水毁设施，并配合及时修复。

农林部门组织种植业主抢收成熟瓜果和防护低洼地带的作物，组织抗灾救灾和灾后恢复生产。

交通公路部门在危险路段设立醒目的警示标志，负责组织、指挥、协调抢修因灾害损坏的公路交通设施，组织、指挥、协调修复因受灾而中断的公路、桥梁及隧道。

卫生部门组织调度卫生技术力量，抢救受灾伤病员，做好防疫工作，防止和控制灾区疫情、疾病的发生、传播和蔓延。

旅游部门督促、协助旅游景点疏散游客，协助做好受灾旅游景点的救灾工作。

安监部门通知安委会各成员单位做好防暴雨的安全工作，督促高危行业、企业落实防暴雨工作，参与、协调事故的抢险、救灾工作。

贸工部门负责救灾款物的筹集和储备。

基层政府启动相应应急预案，组织辖区内的灾害防御、救援工作。

各街道办事处通知居住在低洼地带、各类危旧住房、厂房、工棚、临时建筑的人员注意可能出现的水浸、房屋漏雨等情况，并组织检查安全隐患，撤离辖区范围山边、河边窝棚内的临时居住人员；会同有关部门，加强对危坡、危墙、危房的监测；对居住在确有安全隐患的各类危旧住房、厂房、工棚、临时建筑的人员，尤其是临近山坡的临时建筑中的人员组织撤离并安置。

武警部队进入紧急抢险救灾状态，对灾害现场实施救援。

学校做好防雨准备，暂停户外活动，收到停课通知后保护好在校学生的安全。

社区及时收听有关暴雨信息，并通知该区住户；关注暴雨最新动态，检查该区各项防雨情况；组织力量对区内出现的灾情进行救援。

建筑工地及时收听有关暴雨信息，做好防雨工作，停止户外作业。

机场、港口发送预警信息到所有进港船只、进机场航班，并向全体航班、船只通报，妥善安置滞留旅客。

供电、供水、燃气等基础设施单位及时收听、收看暴雨信息，关注暴雨最新动态，采取必要措施避免设施损坏，迅速调集力量，组织抢修水毁设施。

广播、电视等媒体，移动、联通、电信等运营企业根据气象部门的要求及时发送暴雨洪涝预警信息，采取防御措施避免通信设施损坏，出现故障后迅速调集力量，组织抢修毁坏设备。

气象信息员主动传递暴雨信息、报送暴雨灾情，配合做好暴雨灾害防御工作。

市民注意收听、收看媒体传播的暴雨信息，及时了解暴雨动态；不要到暴雨发生的地区游玩或到海滩游泳；调整出行计划，尽量减少外出，尽快回家；关闭门窗，以免雨水进入室内；户外人员尽量寻找安全地带躲雨，并要注意防止雷电袭击；危险建筑物内的人员需要撤离。

（三）暴雪和冰冻

气象部门及时、准确地发布低温、雪灾、道路结冰等预警信号及相关防御指南，向政府及有关部门提供暴雪、冰冻灾害评估意见。

海洋部门密切关注海冰发生发展动态，及时发布海冰灾害预警信息。

公安部门加强交通秩序维护，注意指挥、疏导行驶车辆；必要时，关闭易发生交通事故的结冰路段。

交通运输部门提醒人们做好车辆防冻措施，提醒高速公路、高架道路车辆减速；会同有关部门根据积雪情况，及时组织力量或采取措施做好道路清扫和积雪融化工作。

卫生部门采取措施保障医疗卫生服务正常开展，并组织做好伤员医疗救治和卫生防病工作。

建设部门加强危房检查，会同有关部门及时动员或组织撤离可能因雪压倒塌的房屋内的人员。

民政部门负责受灾群众的紧急转移安置，并为受灾群众和公路、铁路等的滞留人员提供基本生活救助。

农业部门组织对农作物、畜牧业、水产养殖采取必要的防护措施。

旅游部门督促、协助旅游景点疏散游客，协助做好受灾旅游景点的救灾工作。

贸工部门负责救灾款物的筹集和储备。

供电、供水、燃气等基础设施单位及时收听、收看暴雪、冰冻信息，关注暴雪、冰冻最新动态，采取必要措施避免设施损坏，迅速调集力量，组织抢修毁坏设施。

广播、电视等媒体，移动、联通、电信等运营企业根据气象部门的要求及时发送暴雪、冰冻预警信息，采取防暴雪、冰冻措施避免通信设施损坏，出现故障迅速调集力量，组织抢修毁坏设备。

基层政府启动相应应急预案，组织辖区内的灾害防御、救援工作。

各街道办事处组织实施本区街道各项防御暴雪、冰冻措施，开展救援工作。

武警部队进入紧急抢险救灾状态，对重大暴雪、冰冻灾害现场受困人员实施救援。

社区及时收听有关暴雪、冰冻信息，并通知该社区住户，组织力量对社区内出现的灾情进行救援。

机场港口发送预警信息到所有进港船只、进机场航班，并向全体航班、船只通报，做好机场除冰扫雪、航空器除冰工作，保障运行安全，做好运行计划调整和旅客安抚、安置工作，必要时关闭机场。

气象信息员主动传递暴雪、冰冻信息，报送暴雪、冰冻灾情，配合做好暴雪、冰冻灾害防御工作。

市民注意收听、收看媒体传播的暴雪、冰冻信息，调整出行计划，尽量减少外出，户外人员注意保暖防寒，注意交通安全。

(四) 寒潮降温

气象部门及时、准确地发布寒潮降温预警信号及相关防御指南，向政府及有关部门提供寒潮降温灾害评估意见。

海洋部门密切关注管辖海域风暴潮、海浪和海冰的发生发展动态，及时发布预警信息。

民政部门采取防寒措施，避寒场所开放，采取应急预案进行防寒保障，尤其是贫困户及流浪人员等，采取紧急防寒防冻应对措施。

农业、林业部门指导果农、菜农和畜牧水产养殖户采取一定的防寒和防风措施，做好牲畜、家禽和水生动物的防寒保暖工作。

卫生部门采取措施，宣传寒冷可能对市民健康的不利影响及对策，做好寒冷所引发的疾病的救治工作。

交通运输部门采取措施，提醒海上作业的船舶和人员做好防御工作，加强海上船舶航行安全监管，相关应急处置部门和抢险单位随时准备启动抢险应急方案。

市政园林部门对树木、花卉等采取防寒措施，加强各公园树木、花卉等的防寒工作，对市政园林的树木、花卉采取紧急防寒防冻措施。

供电、供水、燃气等基础设施单位及时收听、收看寒潮降温信息，关注寒潮降温最新动态；采取必要措施避免设施损坏；迅速调集力量，组织抢修毁坏设施。

广播、电视等媒体，移动、联通、电信等运营企业要按气象部门的要求及时发送寒潮降温预警信息。

基层政府启动响应预案，组织实施区内各项防御、救援工作。

各街道办事处组织实施本区街道各项防御、救援工作。

社区及时收听有关寒潮降温信息，并通知该区住户做好防寒工作，并提示居民注意取暖设施的用电、用气安全。

气象信息员主动传递寒潮降温信息、报送寒潮降温灾情，配合做好寒潮降温灾害防御工作。

市民注意收听、收看媒体传播的寒潮降温信息，注意添衣保暖；年老体弱者，儿童，以及患有呼吸道疾病、关节炎、胃溃疡、心脑血管疾病者注意预防。

（五）沙尘暴

气象部门及时、准确地发布沙尘暴预警信号及相关防御指南，向政府及有关部门提供沙尘暴灾害评估意见，与环境部门启动联动工作机制。

农业部门指导农牧业生产自救，采取应急措施帮助受沙尘影响的灾区恢复农牧业生产。

环境保护部门加强对沙尘暴发生时大气环境质量状况的监测，为灾害应急提供服务。

交通运输、民航、铁道部门采取应急措施，保证沙尘暴天气状况下的运输安全。

民政部门采取应急措施，做好救灾人员和物资准备。

广播、电视等媒体，移动、联通、电信等运营企业根据气象部门的要求及时发送沙尘暴预警信息。

社区及时收听有关沙尘暴信息，并通知该区住户做好防御沙尘暴工作。

气象信息员主动传递沙尘暴信息、报送沙尘暴灾情，配合做好沙尘暴灾害防御工作。

市民注意收听、收看媒体传播的沙尘暴信息，年老体弱者、患有呼吸道疾病者减少户外活动；户外交通注意安全。

（六）高温

气象部门及时、准确地发布高温预警信号及相关防御指南，向政府及有关部门提供高温灾害评估意见，与卫生业务部门启动联动工作机制。

公安部门加强道路交通安全监管，防止车辆因高温造成自燃、爆胎而引发交通事故。

公安消防部门特别注意因电器超负荷而引起火灾危险，告诫市民注意防火。

各学校做好学生防暑降温工作，停止举行户外活动。

农林渔业部门对畜、禽，以及种植、养殖物采取防高温保护措施，指导紧急预防高温对农、林、畜牧和养殖业的影响，加强对农、林、水产、畜牧业防暑防晒应对措施的指导。

水务部门采取措施保障生产和生活用水。

民政部门通知各社区做好高温预防工作，注意防暑降温，对贫困户、五保户采取特殊保护措施；加强对避暑、收容场所的管理，采取必要措施防暑降温；采取紧急措施，对中暑人员随时救治。

卫生部门宣传中暑救治常识，督促并指导有关单位落实防暑降温卫生保障措施，做好人员（尤其是老弱病残人员和儿童）因中暑而引发其他疾病的防护措施，各大医院、社区健康服务中心采取紧急措施，应对可能大量增加的中暑或类似病患者。

旅游部门对本市旅游景点、饭店和旅行社加强监管，督促其采取防暑降温措施，建议某些户外旅游项目暂时停止开放，关闭户外旅游场所。

劳动保障部门加强劳动安全监察，查处高温下不采取防暑降温措施强行工作的企业，在高温时段根据情况发出停工建议。

食品药品监督部门加强对市场生产、流通防暑降温药品、防暑防晒化妆品、保健品的监管力度；严格执行食品卫生制度，避免食品变质引发中毒事件。

电力部门应注意防范因用电量过大，电线、变压器等电力设备负载大而引发故障，采取错峰用电措施，保障用电供给和安全。

建筑、施工等露天作业场所要采取有效防暑措施，防止发生人员中暑，根据高温预警等级，停止户外、高空作业。

广播、电视等媒体，移动、联通、电信等运营企业根据气象部门的要求及时发送高温预警信息。

基层政府及时了解高温信息，做好区内防暑降温、防病、安全生产等各项工作；启动响应预案，组织实施区内各项防御、救援工作。

各街道办事处配合民政部门，积极救助困难户、老弱人员；在辖区内广泛宣传防高温中暑常识。

社区及时收听有关高温信息，并通知本区住户做好防暑工作。

气象信息员主动传递高温信息、报送高温灾情，配合做好高温灾害防御工作。

市民注意收听、收看媒体传播的高温天气预警信息；中午前后避免户外活动。

（七）干旱

气象部门加强监测预报，及时发布干旱预警信号及相关防御指引，向政府及有关部门提供干旱灾害评估意见；适时组织人工影响天气作业，减轻干旱影响。

农业、林业部门指导农牧户、林业生产单位采取管理和技术措施，减轻干旱影响；加强监控，做好森林草原火灾预防和扑救准备工作。

水务部门加强旱情、墒情监测分析，合理调度水源，组织实施抗旱减灾等方面的工作，采取措施保障生产和生活用水。

卫生部门采取措施，防范和应对旱灾导致的食品和饮用水卫生安全问题所引发的突发公共卫生事件。

民政部门采取应急措施，做好救灾人员和物资准备，并负责因旱缺水缺粮群众的基本生活救助。

广播、电视等媒体，移动、联通、电信等运营企业要按气象部门的要求及时发送干旱预警信息。

气象信息员主动传递干旱信息、报送干旱灾情，配合做好干旱灾害防御工作。

（八）雷电

气象部门及时发布雷电预警信号及相关防御指南；灾害发生后，有关防雷技术人员及时赶赴现场，做好雷击灾情的应急处置、分析评估工作，并为其他部门处置雷电灾害提供技术指导。

公安消防部门应急处置因雷击事件造成的起火事故。

交通部门向雷电发生地域的港口码头发出停止户外高空作业的通知；提示海上船只提防雷雨大风，提示航空部门飞机起降安全；发生因雷电天气造成IV级以上人员伤亡事故时向市应急指挥中心报告。

教育部门通知学校停止露天体育课和升旗活动，督促检查学校在雷电发生时让学生留在学校课室内，待雷电天气过后才可进行室外活动或离校。

建设部门提醒、督促施工单位必要时暂停户外作业。

电力部门加强电力设施检查和电网运营监控，及时排除危险、排查故障。

安监部门通知安委会各成员单位做好防雷电的安全工作；督促高危行业、企业落实防雷电工作；参与、协调雷击事故的抢险、救灾工作。发生因雷电天气造成IV级以上人员伤亡事故时向市应急指挥中心报告。

旅游部门通知旅游景点停止户外娱乐项目，海边游泳者尽快上岸。

广播、电视等媒体，移动、联通、电信等运营企业要按气象部门的要求及时发送雷电预警信息。采取措施尽量避免通信设备损坏，出现故障后迅速调集力量，组织抢修毁坏设备。

基层政府在发生IV级和III级雷电灾害事故时，组织协调人员伤亡和灾情救助工作。

社区提示居民收好阳台衣物、关闭门窗，减少使用电器。

气象信息员主动传递雷电信息、报送雷电灾情，配合做好雷电灾害防御工作。

市民避免在空旷处行走，尽量躲避在室内；不要在海里或露天泳池游泳；避免在大树、高耸孤立物下躲避雷雨；尽量避免在打雷下雨时拨打接听手机。

（九）大雾和霾

气象部门及时、准确地发布大雾和霾预警信号及相关防御指南，向政府及有关部门提供大雾和霾灾害评估意见，与交警业务部门启动联动工作机制。

公安部门通过交通信息服务短信平台，向驾驶员发布有关道路动态信息，提醒人们途经盘山、临水及崎岖道路时自觉放慢行驶速度，开启亮雾灯、近光灯及尾灯等，预防交通事故发生；必要时，封闭高速公路，对机场、客运站、市内交通采取分流和管制措施。

交通运输部门及时发布雾航安全通知，加强海上船舶航行安全监管。

民航部门做好运行安全保障、运行计划调整和旅客安抚安置工作。

教育部门取消所有的室外活动，并告知大雾天应注意的安全事项。

海洋渔业部门提醒作业渔船（包括捕捞渔船、休闲渔船、运输渔船等）人员目前的天气状况，并告知需要采取的安全措施。

卫生部门根据大雾天气常发病例，做好相关专科医护人员、药品、医疗器具的准备工作，应对可能出现的呼吸道疾病突发事件。

海事部门播发航行警告，要求在不能确保船舶安全的情况下，不得冒险航行，立即选择安全水域抛锚，采取特别管制措施要求船舶停航、停渡，组织海上船只的导航救助任务。

电力部门加强电网运营监控，采取措施尽量避免发生设备污闪故障，及时消除和减轻因设备污闪造成的影响。

气象信息员主动传递大雾和霾信息，报送大雾和霾灾情，配合做好大雾和霾灾害防御工作。

市民尽量不要出门行走，更不要早起锻炼；户外人员应使用口罩等防护器具，注意交通安全。

三 应急终止

当灾害性天气对本区域造成的影响减弱或已不造成影响时，气象部门应及时降低气象灾害预警信号或警报的等级，直至撤销。气象灾害防御主管机构应根据预警信号或警报等级的变化情况，结合本区域的受灾状况、灾害险情、应急处置状况等因素考虑综合决策，待应急处置工作结束，或者相关危险因素消除后，可终止应急响应。

第四节　灾后恢复

在气象灾害应急处置工作结束的同时，民政、水利、国土、气象等相关部门应联合开展气象灾害实际成灾损失的评估。当地政府应依据相关法律和评估结果，对受灾区域给予救助，立即部署灾后重建工作，各相关部门应按照统一部署和各自的职责，积极组织开展复原重建工作；受灾的单位和个人要积极主动开展恢复自救工作。尽量在最短的时间内恢复原有的运作机能，并防范灾后可能引发的次生灾害等其他负面问题。

一 灾后救助

灾后救助是政府执政能力、民众凝聚力的集中展示，要在核查灾情、指导救灾工作、确保灾民基本生活稳定的传统灾后救助基础上，加强自然灾害应急救助能力建设。重点做好自然灾害救助应急预案编制和修订工作，建立应急救助管理体制和运行机制。建立救灾应急资金快速下拨机制，确保应急资金在最短时间内下拨到重灾区。加强救灾物资储备库建设，完善救灾物资储备管理机制。在进一步强化公安、武警和军队等骨干队伍灾害应急能力建设的同时，建立减灾科研队伍和志愿者队伍等专业灾害应急队伍。建立完善社会动员机制，充分发挥群众团体、红十字会等社会组织、基层自治组织和公民在灾害防御、紧急救援、救灾捐赠、医疗救助、卫生防疫、恢复重建、灾后心理支持等方面的作用；研究制定减灾志愿服务的指导意见，发展和壮大减灾志愿者队伍。

二 灾后重建

我国政府在 1998 年洪水后，从全局和战略的高度提出了恢复生产、重建家园、防治水患的方针和原则，用以指导大灾过后的恢复与重建工作。灾后重建的重点工作是解决群众的生活问题，特别是越冬住房。同时，按照标本兼治、综合治理的原则，把灾后重建、恢复生产同流域整治、土地利用和产业结构调整结合起来，对山、水、田、林、路进行统筹规划，制订了分期实施的计划。灾后恢复重建包括灾民住房、水源、电力、交通、通信、农田、水利设施等各项工程的恢复与重建，灾后恢复重建首先是恢复灾民房屋建设，确保灾民能安心恢复生产和生活。灾后恢复重建实施内容由国土、计划、规划、城建、水利、农业、民政、人防办、气象等部门组织实施，政府气象等自然灾害防御管理机构应明确各部门在恢复重建工作中的具体任务；核查灾区灾情，明确重灾区的范围，确定灾后恢复重建的项目；筹集恢复重建资金，加强恢复重建中的监察审计工作，确保专款专用，保证工程质量。灾后重建要将灾后恢复重建的监督管理工作纳入各级政府应急管理工作体系，加强对灾后恢复重建的规划、相关标准制定和组织实施的监督管理，特别是要重视气象、国土、水利、农业等专业部门对恢复重建的评估和论证工作，在科学评估现实和潜在损失（损害）的基础上，提出恢复重建方案。

三 灾后发展

　　气象灾害的发生对经济社会发展造成了严重影响，也给灾后发展创造了再发展的机遇。灾后发展要以科学发展观的理念为指导，统筹规划，综合考虑人口增长和经济社会的可持续发展，不能单纯地强调建设，而应着重强调恢复，以恢复环境、产业、基础设施、受灾群众生活、生态等为切入点，着力通过恢复重建提高本区域防御气象灾害的综合能力，提高人与自然和谐发展的水平，提高经济社会可持续发展的能力。

第六章 气象灾害防御基础单元行动计划和重点任务

　　自然灾害是区域可持续发展的障碍因素，甚至是一种极为重要的安全破坏因素（史培军等，2005a）。减缓自然灾害对区域发展造成的影响，减轻其灾情，是实现区域可持续发展的重要战略任务，也是加强自然灾害风险管理的最终目标（ISDR，2005；李学举，2005）。而气象灾害是我国每年发生次数最多的自然灾害，灾害防御任务十分繁重。没有合理的组织管理模式和高效的机制，必将造成高成本、低效率的防御。近年来，我国从中央到地方大力推进防灾减灾体系建设，特别是加强基层组织的自然灾害防御能力，积极开展社区、农村、渔船基础单元气象灾害防御体系建设的探索，例如，北京城市社区灾害管理模式（陈新辉和任龙强，2007），自2006年开始建设以来，以"整合政府的各项减灾职能、有效提高社区应对各种城市灾害的能力，并取得综合减灾实效"为总体目标，充分发挥社区基层组织的功能，合理预测社区可能面临的各种灾害，有效地整合气象灾害预防、防震减灾、公共安全事件防范、火灾预防等一系列公共部门的减灾职能，合理利用全社会的减灾资源，统一规划社区的灾害管理职能。在设计社区应急预案、建设与管理避难体系、管理社区减灾基金、建设防灾志愿者队伍、建设社区灾害管理文化等方面逐步开展工作。在近两年的气象灾害防御中，已经初步发挥了作用。再如，中国气象局与浙江省政府在德清县联合开展的农村气象灾害防御体系建设试点，围绕建立健全农村气象管理网络，实现乡镇有农村气象工作站、村村有气象协理员；建设突发公共事件预警信息发布平台，拓宽气象信息发布渠道，发展推广手机小区广播、卫星警报器、移动掌上气象台，实现中国气象频道落地，健全"部门、乡镇、村"三级气象应急响应互动和110气象联动机制，气象信息入村率达到100%，入户率达95%以上；制订气象灾害风险区规划，编制不同灾种风险区划图；建立气象灾害预警中心，主要气象灾害预报准确率提高5%；增强气象灾害监测能力；充分发挥气象为农服务的作用，为农业基地设立十大类主要农产品农业气象指标，建立1000个"气象信箱"和500个"农民网页"；在加大农村气象科普宣传力度，健全农村气象科普网络，气象知识的农村普及率达到90%，提高农民防灾减灾意识和能力等方面，开展全方位的有益探索和试验。

　　目前，社会各界对应对气候变化和防御气象灾害的重视程度和支持力度日益提高，我国气象灾害防御能力和水平明显增强（穆治霖，2008）。但与美国等发达国家相比，我国气象灾害无论是防御机制与管理、灾前防御准备、灾害监测预警，还是灾害应急防御、灾害救助和灾后重建都存在很大差距（吴新燕，2004）。吴保生和丘丽红（2009），以及史培军等（2005b，2006）从预警机制、自然灾害风险的综合管理、应急体系建设、灾害防御等多方面研究发现，我国农村、社区是气象灾害防御最薄弱的区域。由于我国社区、农村、渔船基础单元气象灾害防御组织建设才刚刚起步，城镇社区因人员聚集、经济发达、文化层次较高等诸多优势，在政府确定建设规划后，可在政府和主管部门的指导、扶持下，较快地建成反应迅速、主动防灾、自救能力强的气象灾害防御社区。但由于历史欠账多、财政投入不足等问题，虽然试点城市取得了成功的经验，但全面推开还有很长的路要走。而偏远的农村、渔船则由于居住地分散、自然条件差、防灾基础设施几乎空白、建设投资大、群众防灾意识淡薄、防灾技能低、经济落后等诸多因素，气象灾害防御的农村、渔船等基础单元建设将会难度更大、周期更长、任务更重。而如果放弃基础单元的防御能力建设，无论气象灾害防御的体系设计如何完美、防御机制多么完善高效，最终仍将无法摆脱全国防灾救灾整体水平处在低效、无序和能力低下的状况。

基层单元是国家应急体系的基础，是国家防灾抗灾的基本力量，国家应制订气象灾害防御基层单元行动计划，加大对基层单元气象灾害防御能力的建设，推动"防灾型社区"进程。"防灾型社区"应具备以下3项功能：①灾前减灾和整备功能。规划社区防救灾计划，成立社区防救灾组织机构，吸引社区居民参与，提升社区内各家各户的防救灾意识，推动社区在灾前的准备工作，开展个人、家庭应急培训；督促社区成员能够熟练掌握社区领导下的各项防救灾工作。②灾时应急功能。能依照既定的组织程序及事前演练的模式开展互助互救工作，并具有较长时间的灾害持续抵御能力。③灾后复原、改进功能。灾后重建应尽量以社区居民为主导，总结社区居民经验，进行规划设计，并尽量发挥社区的特色和优势，营造良好的社区环境。

第一节　城镇社区

一　社区气象灾害防御的组织体系

在政府指导下，社区居民自主选举产生社区气象等灾害防灾减灾组织管理机构，管理机构还可以聘请各种灾害应急方面的减灾专家、部分党政领导代表，让他们以担任机构的顾问或常任理事等方式加入到社区管理机构中，从而构成一个能够反映社区居民减灾愿望、有能力领导社区减灾事业的中枢机构。

社区灾害管理机构的主要职责是负责领导整个社区的减灾事务：承担社区

灾害管理模式组织体系的建设和防灾减灾基金管理工作；组织设计、制订和修订社区应急预案；负责组织日常的减灾活动，主要是组织开展社区防灾宣传、应急能力培训、日常减灾演练等工作，以及社区居民防灾基本能力培训；依靠广泛的宣传动员，组建以社区志愿者为主的社区气象灾害应急小组；在气象等灾害来临时，组织社区居民避灾防灾，组织应急小组开展社区灾害救援工作（图 6-1）。

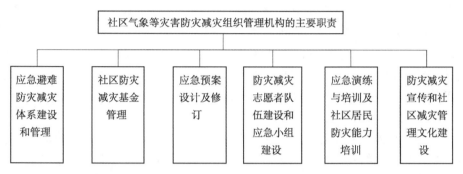

图 6-1　社区气象等灾害防灾减灾组织管理机构的主要职责框架图

二　社区防灾减灾体系规划与设计

在城镇气象灾害防御总体规划和气象灾害风险区划的基础上，结合本社区实际情况，与规划部门沟通设计相适应的社区防灾减灾体系，规划设计防灾救灾设施和避灾场所。在社区改造和新建时，要依照规划和设计监督实施；应急避难场所建设涉及灾害发生以后社区居民如何安置的问题，规划后的避难场地可以解决灾民的衣、食、住、行等必需的生活问题。社区可以依据"平灾结合"的原则，充分利用现有的社区绿地、社区活动广场、运动场所等场地，经过应急供水、供电等功能改造以后，在这些地方树立明显的应急避难场所标志，将它们建设成为社区的应急避难场所。

三　社区防灾减灾基金的筹集和管理

社区防灾减灾基金应由政府、企业、个人三方面筹集，其用途是作为社区开展防灾减灾活动的专用经费。由社区防灾减灾管理机构管理，在政府有关部门和社区居民委员会的监督下使用，经费收支情况应每年向社区居民公开。其来源主要依靠政府财政拨款，将其作为社区防灾减灾经费的基础，还要动员社会力量，通过企业捐助、社区居民自愿募集、基金救助等多种方式筹集社区防灾减灾基金。基金用于保证社区提前有序预防、提前自我应急、提前自我救灾、自主开展日常防灾宣传、应急演练培训等各项工作的开展。

四 制定、完善细致的社区灾害应急预案

社区灾害应急预案要从社区实际出发，结合当地气象灾害的特点，细化分灾种的应急行动计划；明确社区管理组织、应急小组、居民的不同分工，清晰列出应采取的具体措施和行动的流程，对避灾场所、转移路线、交通工具等都应做到具体化。待灾害来临时，社区气象灾害防御管理组织可按照预案有计划、有步骤地开展社区灾害应急工作。同时，也需要把社区居民在紧急情况下如何疏散到这些场地、具体的场地如何分配等问题写到社区灾害应急预案中，保证灾情发生以后，有组织、有计划地疏散和安置灾民。并通过日常的应急演练等工作让居民具体了解应急避难场所的分布状况、如何使用避难场地等问题。另外，要根据当地的气象灾害变化情况，做到应急预案和启动标准滚动修订的制度化，加大预案培训和宣传，使社区居民在灾害防御中清楚行动细节，积极参与行动。

五 建立社区突发气象灾害应急准备认证制度

市（县）政府应建立社区突发气象灾害应急准备认证制度和配套的激励机制，促进社区防灾减灾综合能力的提高。政府可授权气象主管机构组织开展社区突发气象灾害应急准备的认证和气象灾害防御模范社区创建活动。同时，政府应建立认证小区和模范社区的奖励制度，促进"防灾型社区"建设进程，全面提高基础单元综合防御气象灾害的能力。社区应当建立气象灾害警报站，确保及时接收国家气象主管机构所辖台（站）发布的气象灾害预警信息，并向责任区内的群众传递，按照防御方案和应急预案，正确防御气象灾害。

国务院气象主管部门应制定社区气象灾害应急准备工作认证管理办法，各级气象主管部门应会同政府应急管理等部门组织评估认证委员会，对社区是否达到气象灾害应急准备条件进行评估认证。评估内容主要包括 5 个方面：一是城镇社区是否建立了 24 小时气象灾害警报接收点和应急小组；是否有分管气象灾害防御工作的负责人，至少有 1 名气象协理员；气象灾害防御重点单位有分管领导和 1 名气象信息联络员，负责灾害性天气应急工作；在灾害性天气影响期间有可以 24 小时值班的工作场所。二是是否有气象灾害应急处置预案；是否有安全的避难场所可在灾害性天气发生时安置转移人员。三是是否建立与当地气象部门的通信联系，以便利用多种手段接收灾害警报和相关信息；是否有可

实时监测当地天气状况的监测设施，并能向社区气象部门进行数据传输；是否能通过网络获取当地的天气监测信息（雷达、卫星、地面、水文探测资料、当地观测站等）和相关防御信息。四是在公共场所是否配备了必要的能自动报警的气象灾害预警信息接收机和警报装置；是否有及时传播分发灾害性天气预警信息的渠道。五是是否制订了灾害响应方案和面向公众的气象灾害防御培训计划，并面向公众经常性地开展灾害应急、天气与安全等知识培训和演示。认证期限一般为3年。在认证失效前6个月，要根据最新的认证条件重新申请气象灾害应急准备认证，以确保气象灾害防御计划适应发展变化。

六　提高居民防灾避灾和自救能力

依靠社区防灾减灾知识宣传，提高居民的防灾意识；通过有计划的培训，提高居民防灾、避灾和自救的能力；组织应急演练，提高应急小组和居民配合的社区应急能力是一项减灾效益最明显的举措，也是社区减灾的重要环节。社区如能在平时加强各类气象灾害防御知识的科普宣传，并坚持不懈，就可提高社区居民对不同气象灾害的危险性的认知程度，提高自觉防灾的意识，主动了解相对应的灾前准备措施、灾中避难措施。如再配以防灾技能的简单培训和实际演练，在灾害来临时，所有居民就会根据自己的实际情况，自觉防灾避灾，自愿参加到灾害应急工作之中，社区自主防灾减灾的志愿者队伍将得到壮大，防灾减灾的整体能力将得到全面提高。

第二节　农　　村

一　启动农村气象等自然灾害防御组织建设

农村气象灾害的预防光靠政府和部门不行，必须发挥乡镇、街道、村一级的主体作用。农村气象防灾减灾组织体系需在乡（镇）政府领导下，按照本县（市、区）气象灾害防御规划和有关规定，明确分管领导，确定气象信息员（协理员），在村一级建立气象灾害防御应急小组，建立起由村委会领导、信息员（协理员）、应急小组负责人组成的气象等自然灾害防御实施机构。其职责是负责做好本辖区的气象灾害防御和应急管理、气象协理员和信息员队伍的组织管理、应急演练、气象科普宣传等管理工作；承担气象灾情调查与上报、气象预警信息的接收和传播，组织开展灾前防御、撤离、安置等工作；组织开展气象灾害防御计划和应急预案的制订、修订和实施工作；还要对本村气象灾害的防御设施建设和村民房屋建设是否符合防灾建筑标准实施监督。

目前，农村气象灾害防御资金是最大的困难，受当地经济的制约，全国各地差别很大。西部经济落后地区，政府财政紧张，投入很少，主要是在出现灾害后给予灾害救助资金，防御投资有限；而在东南沿海省份，对防台、防涝等方面投入较大，近年来农村防灾基础设施建设发展很快。因此，农村气象等自然灾害防御的资金需要以国家、地方统筹协调安排资金为主渠道，村内灾害御设施建设也可采用以工代赈等方式发动群众，以自愿和有偿相结合的方式推动。灾害防御应急避难、撤离中生活安排、灾后救助重建则更需要依靠政府资金支持、本地资源利用、群众自救相结合的方式来实现。资金的制约是农村灾害防御体系发展缓慢的主要瓶颈。随着经济的发展、国家的富强、公共事业的快速发展，这个瓶颈问题必将得到有效解决。

二 制订并实施农村气象灾害防御准备计划和应急预案

我国气象灾害的特点是种类多、范围广、频率高、灾情重（冯丽文和郑景云，1994），因区域自然环境差异和致灾因子分布不同，呈现明显的区域性差异（辛吉武等，2006）。因此，每个村必须根据当地气象灾害的特点和市（县、区）气象灾害防御规划，制订适合本村的气象灾害防御计划，确定可以有效避灾的村民居住点；计划需要建设的避难场所、应急所需的设备设施，并组织建设；对各类气象灾害应该怎么应对、采取什么措施，进行详尽说明，对灾害防御各环节的责任进行明确，才能有效地提高气象灾害的防御能力。村级应急预案则应将重点放在对收到气象灾害预警信息后如何避灾、如何撤离、撤离路线、撤离的范围、撤离后群众生活安置等进行详细陈述；要确定应急小组的职责和权利，以及集合、行动、结果考核、奖惩等内容；要制作成可实际操作的工作守则。目前的很多预案是上级预案的复制，没有实际可操作性。

三 建设全覆盖的农村灾害预警信息发布接收系统

随着在全国实施 50 户以上自然村广播电视村村通工程建设以来，基本实现了通电地区"村村通电话，乡乡能上网"，全国通电话行政村和自然村的比重将达到 99.8％和 93％以上，实现 99％以上乡镇能上网、96％的乡镇通宽带。这为建设农村灾害预警信息接收系统提供了有力的支持、打好了基础。在此基础上，只要再增加一定的投资，设计好农村灾害信息预警信息发布接收系统，为农村气象等自然灾害防御机构配置相关设备，确定相关职责和工作流程，就可以实现灾害预警信息的快速发布和及时接收。该系统发挥作用的关键是确保能接收预警信息、能上报灾害情况，在气象等有关部门发布灾害预警信息后，村级信息员（协理员）如何确保收到信息，并能将信息及时传递到全村群众中是系统作用体现的核心。从目前来看，行政村信息员（协理员）接收预警信息、上传灾情基本上可以得到实现，但信息员（协理员）接到信息后如何传递到小于 50 户的自然村或者散居群众手中，就需要进一步完善行政村与自然村之间的信息发布接收系统。

目前，要解决行政村与自然村及散居农户之间的信息发布与接收问题，一要靠村村通工程的进一步深入实施；二要靠行政村建设本区域内的有线广播、大喇叭等设施来实现；三要靠最传统的敲锣、烽火、邻里传声等土办法解决；四要对远距的散户指定专人专程传递预警信息。随着社会的进步和通信技术的发展，不断推进灾害预警信息农村发布系统的建设，一定可以实现气象等自然灾害预警信息对所有农户的全覆盖。

四 建立气象等自然灾害综合信息员队伍

建立一支农村气象等自然灾害防御的信息员队伍是有效实施灾害防御的主要因素之一。目前，由于自然灾害多部门、多头建设，多头组织，这造成信息员队伍庞大。又因在农村有文化、素质高的人员很多都长期在外打工，不在自己的村庄生活，这就造成信息员素质偏低。再者，信息员报酬偏低，甚至没有报酬，造成信息员难以用心做好信息报送和传递工作。因此，要建立一支真正发挥作用的农村信息员队伍就必须统一管理，统筹多部门在灾害防御信息收集发布中的职能，由乡镇政府统一组织建立行政村的自然灾害信息员队伍，设置一定的条件，建立完善的制度，确定适当的薪酬，配备有关设备。由相关部门每年分别组织信息员进行专业技能和素质的培训，才能建立一支效率高、素质高、相对稳定、功能综合的信息员队伍，保证灾情等相关信息收集上报、预警信息迅速传递。

五 加大灾害防御知识的宣传和培训力度

农村是气象等自然灾害防御知识普及、宣传和培训十分薄弱的区域。面向农村和广大农民的防灾知识和技术宣传尤为不足，农民自救互救能力不强，农村、社区群防群控机制尚不健全。基层组织和农村群众的灾害风险意识淡薄，缺乏对气象灾害应急避险措施的了解和认识，气象防灾减灾知识亟待普及。在广大农村开展防灾宣传和避险演练，普及防灾知识，提升民众的防灾意识和自救互救能力是提高全国气象灾害防御水平的一项重要措施，也是一项长远而艰巨的任务。开展农村防灾减灾知识的宣传和防御技术培训，要结合农村实际，可学习安徽的做法，将气象灾害防御知识纳入国民教育体系，提高全社会的气象防灾减灾意识和公众自救互救能力。在农村小学四年级或五年级开展气象灾害防御科学知识的普及教育，使学生能够系统地学习气象防灾减灾有关知识，并通过他们将防御知识辐射到每一个农村家庭，最大限度地扩大气象灾害防御知识的普及范围。也可通过乡镇集中组织应急演练或应急小组行动竞赛等方式提高村级应急小组的实战能力，提高全村群众参与防御灾害的能力。还可主动利用农村集市、乡俗活动等时机，发放科普挂图、讲解避灾自救知识，也可通过广播、电视等播放防灾科普节目等手段和方式，依靠全社会坚持不懈的努力来提高农民科学防灾、避灾、自救的意识和能力，以实现全社会防灾减灾意识和能力的提高。

第三节　渔　　船

一 加强渔港安全基础设施建设

依据土地利用总体规划、海洋功能区划和城乡规划，合理规划渔港建设布局，适当提高建设标准，尽快形成以国家级中心渔港、一级渔港和内陆重点渔港为主体，以地方二、三级渔港为支撑的渔港防灾减灾体系。新建、改扩建和完善一批安全避风、配套完备的现代化渔港，提高渔港码头、防波堤和护岸建设质量，完善航标、港口消防和照明设施、抢险救灾船艇等配套设施设备建设，发挥渔港的避风防灾安全保障功能，提高安全保障能力。

二 建设渔船安全通信网络系统

加强海洋自然灾害信息体系建设，实现上下畅通，提高及时接收气象灾害预警信息的水平，达到早预报、早行动、早避灾的要求。依靠卫星、短波、超短波、移动电话"四网合一"的安全通信网建设渔船通信终端设备配备，建设海洋气象预警电台等设施，扩大近海和内陆水域无线电信号的覆盖范围，实现气象灾害预警信息的播发与接收及紧急遇险报警功能。加快渔船船位卫星监控系统建设，实现对作业渔船的动态监控和实时跟踪全覆盖。保证台风灾害应急工作中的电话（传真）、网络等信息渠道畅通。

三 提高渔船抵御灾害的能力

鼓励、督促企业和渔船船东更新淘汰有安全隐患的老旧渔船和装备，积极推动有条件的渔船装备适用的船舶自动识别系统等助航设备，推广应用安全系数高、抗风险能力强的先进渔船，提高渔船的防碰撞能力。加大渔船自救设施设备的配备力度。在规定必备救生、消防等安全设施的基础上，推广应用气胀式救生筏等装备，提高渔船抵御风险的能力。

四 加强海洋气象灾害监测预警能力

建立和完善海洋气象等灾害预测预警信息共享机制，气象、海洋部门要及时将灾害天气和风暴潮、赤潮、海浪、海啸、海冰等灾害信息通报政府气象等自然灾害防御管理机构及渔业主管部门。渔业、海事、气象部门要通过广播、电视、无线电台、海岸电台、手机短信等各种渠道，及时将灾害气象预警信息传递给渔区、渔业企业和渔民，并及时发布渔船避险路线、避险操作规程、作业人员撤离注意事项等，为渔民提供充分的气象、海浪预警和避险信息服务。加强值班和信息报送工作，在台风等海洋自然灾害发生时期，海洋与渔业行政主管部门要组织安排人员 24 小时值班，了解、分析、报告全省海洋与渔业系统应急工作情况，收集、统计、汇总全省渔船进港、渔排人员及有关人员转移情况，特别是及时收集上报台风灾情信息。

五 完善海洋气象等灾害防御应急预案

各级渔业主管部门和渔业企业要制订和完善渔业安全生产、水（海）上搜救和防灾减灾应急预案，建立健全应急预案体系。根据本区域自然气候条件等，进一步细化渔船防避台风、风暴潮等灾害预案，明确具体的防灾避险措施，提高预案的科学性、针对性和可操作性，并积极开展多种形式的应急演练，提高应急处置实战能力。渔船应根据本船的抗灾能力，做好遇到热带气旋等海洋气象灾害的应急预案，细化应对措施和撤离方式，以及以保护渔民生命安全为首位的紧急避险措施。

六 提高渔船救助和自救能力

综合考虑渔业生产特点，合理布局救助力量，进一步完善海上搜救中心建设，提高气象灾害中对渔船的救助能力。积极引导渔船编队生产作业，作业船队要指定带队指挥船进行统一指挥管理，加强渔船之间的相互支援和自救互救。

七 完善渔船安全风险保障和救济补偿机制

通过完善经济补偿机制，对渔业发展风险进行科学管理和计划控制已经是市场经济发达国家的长期做法，保持渔民抵御灾害的主要手段，其功能也是不可替代的。目前，渔业保费率太高，令不少渔民、养殖户望而生畏。在巨灾发生时，财政救济资金相对于灾害对渔民所造成的损失来讲，只是冰山一角。只有针对渔业生产，开发适合渔业生产的政策性保险，解决渔船和渔民的后顾之忧，才可能在灾情发生时减轻渔民的灾害损失，帮助渔民尽快恢复生产。对在气象灾害应急响应中政府公共政策执行造成的渔船损失，应建立相应的救济补偿制度，以提高防灾行动的效果，减小渔民的损失。例如，台风期间，政府强行要求渔民上岸避风，台风中渔船受损或沉没，灾后渔民将无法生活，因此在当前经常发生渔民以死抗争不上岸避风的现象。在强制离开后，渔船受损，渔民无法生活，无处求助。这种现象造成了渔民抵制上岸避风，而愿以生命为代价自驾船顶风抗台的现状。因此，需完善渔业保险制度，建立和完善政策性渔业保险机制。

八 针对渔民特点开展气象灾害防御知识的宣传教育

政府及有关部门要针对渔民的特点，加强渔船防御气象灾害知识和技能的宣传教育，广泛开展舆论引导工作，强化渔民群众的安全意识和法制观念。充分利用广播、宣传画页等适合渔民随时看、听、读的传播方式，加强台风、风暴潮、巨浪、海啸等海洋自然灾害和减灾防灾知识宣传；在休渔期集中组织培训和有针对性的应急演练等，增强渔民的防灾减灾意识和快速反应能力，才能逐步提高渔民防御气象灾害的能力，保障渔船的安全生产。

参考文献

北京师范大学自然资源学院灾害与公共安全研究所.2005. 国外灾害应急管理模式简介（内部
　　交流资料）

北京晚报.2005. 气象灾害 10 年害死 62 万人.http：//news. sohu. com/20050323/
　　n224827839. shtm［2005‐05‐23］

陈文涛，欧阳梅，李东方.2007. 国外社区灾害应急模式概述//中国职业安全健康协会.中国
　　职业安全健康协会 2007 年学术年会论文集：41‐44

陈新辉，任龙强.2007. 北京城市社区灾害管理模式的探索性研究.科技与管理，（2）：84‐
　　87

陈雪芬.2008. 香港政府危机管理研究.广州：暨南大学硕士学位论文：18‐22

陈振明.2004. 公共部门战略管理途径的特征、过程和作用.厦门大学学报：哲学社会科学
　　版，（3）：5‐14

范宝俊.2000. 中国国际减灾实录.北京：当代中国出版社

冯金社.2006. 澳大利亚的灾害管理体制.中国减灾，（2）：46‐47

冯丽文，郑景云.1994. 我国气象灾害综合区划.自然灾害学报，（4）：49‐55.

高素华，黄增明，张统钦，等.1988. 海南岛气候.北京：气象出版社：1‐124

龚小军.2003. 作为战略研究一般分析方法的 SWOT 分析.西安电子科技大学学报：社会科
　　学版，13（1）：49‐52

郭跃.2005. 澳大利亚灾害管理的特征及其启示.重庆师范大学学报，12（4）：53‐57

国务院办公厅.2009. 国家气象灾害应急预案

海口市人民政府.2009. 海口市气象灾害防御规定

海南省人民政府.2006a. 海南省生态环境现状.http：//www. hainan. gov. cn/data/news/
　　2006/03/7705/［2013‐06‐08］

海南省人民政府.2006b. 海南省人民政府突发公共事件总体应急预案.http：//www. hain-
　　an. gov. cn/data/news/7999/［2013‐06‐08］

海南省人民政府.2006c. 海南省防风防洪工作预案.http：//www. hainan. gov. cn/data/news
　　［2013‐06‐08］

何贻纶.2004. 俄美两国危机管理机制比较研究及其启示.福建师范大学学报：哲学社会科学
　　版，26（3）：52‐58

胡玉蓉.2005‐10‐11. 对比与思考.中国气象报，4 版

黄宫亮.2008. 日本学校的防灾教育.中国民族教育，（9）：41‐43

黄荣辉，张庆云，阮水根.2005. 我国气象灾害的预测预警与科学防灾减灾对策.北京：气象

出版社：3-22

黄雁飞 . 2007. 我国重大气象灾害应急管理体系的研究 . 上海：上海交通大学硕士学位论文：42-43

回良玉 . 2005. 做好灾害管理工作，保障社会经济持续稳定健康发展//李学举 . 灾害应急管理 . 北京：中国社会出版社：1-10

纪燕玲，李丹 . 2005-09-29. 台风"达维"卷走海南116.47亿　死亡人数增至21人 . 南国都市报

江风 . 2003. 独具特色的印度灾害管理体制 . 中国减灾，(4)：51-53.

赖志凯，王凡 . 2005. 海南翻船事故扯出监管"乱麻" . http：//politics. people. com. cn/GB/14562/3964710. html [2013-06-08]

黎健 . 2006a. 对美国灾害应急管理体系的考察与思考 . 气象与减灾研究，29 (1)：38-43

黎健 . 2006b. 美国的灾害应急管理及其对我国相关工作的启示 . 自然灾害学报，15 (4)：33-38

李晶 . 2008. 中美突发自然灾害事件应急管理比较研究 . 西安：西北大学硕士学位论文：12-13

李世奎 . 1999. 中国农业灾害风险评价与对策 . 北京：气象出版社：3

李天池 . 2006. 南亚国家的灾害管理 . 中国减灾，(4)：42-43

李相然 . 1997. 沿海城市环境地质灾害的主要类型、特点及防灾对策研究 . 中国地质灾害与防治学报，8 (2)：91-94.

李相然，林子臣 . 1995. 城市土地利用的工程地质研究 . 宁夏工学院学报：自然科学版，7 (3)：2-7.

李小郭 . 2005. 龙卷风袭击临高新盈镇6人死亡 . http：//news. 0898. net/2005/09/27/191327. html [2013-06-08]

李永清 . 2008. 香港特区政府应急管理及其启示 . 城市减灾，(3)：1-4

林家彬 . 2002. 日本防灾减灾体系考察报告 . 防灾减灾，(3)：36-41

刘毅 . 2013. 半数县成立气象灾害防御领导机构 . http：//www. cma. gov. cn/2011xwzx/2011xmtjj/201301/t20130117_203489. html [2013-06-08]

陆亚龙，肖功建 . 2001. 气象灾害及其防御 . 北京：气象出版社：26

罗桂湘，谭强敏 . 2004. 论气象信息的有效传播 . 广西气象，25 (3)：49

罗可 . 2000. 我国当前城市化问题分析 . 武汉城市建设学院学报，17 (1)：25-31

吕超 . 2009. 国外减灾综合能力建设的具体实践与经验借鉴 . 经济师，(5)：26-27

毛夏 . 2005. 数字城市中的气象灾害预警对策 . 自然灾害学报，14 (1)：110-115

穆治霖 . 2008. 完善气象灾害防御机制的思考 . 中国人口·资源与环境，(4)：15-19

倪芬 . 2006. 俄罗斯政府危机管理机制的经验与启示 . 行政论坛，66 (11)：89-90

秦大河 . 2006. 预防和减轻自然灾害——纪念2006年世界气象日 . http：//news. xinhuanet. com/society/2006-03/22/content_4332428. htm [2013-06-08]

深圳市人民政府 . 2006. 深圳市气象灾害应急预案

石龙 . 2013. 全球减灾评估报告显示自然灾害损失越发高昂 . http：//www. cma. gov. cn/2011xwzx/2011xqxxw/2011xqxyw/201305/t20130528_214925. html [2013-06-08]

史培军，郭卫平，李保俊，等.2005a. 减灾与可持续发展模式——从第二次世界减灾大会看中国减灾战略的调整. 自然灾害学报，14（3）：1-7.

史培军，邹铭，李保俊，等.2005b. 从区域安全建设到风险管理体系的形成：从第一次世界风险大会看灾害与风险研究的现状与发展趋势. 地球科学进展，20（2）：173-179

史培军，叶涛，王静爱，等.2006. 论自然灾害风险的综合行政管理. 北京师范大学学报：社会科学版，197（5）：130-136

宋俭.2000. 工业化以来传统灾害的演化趋势. 荆州师范学院学报，（6）：74-77

苏隐墨，宋亮亮，汪承贤.2005-12-19. 巨浪打翻游艇游客3死1失踪. 南国都市报

索丽生.2008. 水旱灾害预防与应急机制. http：//www.dem-league.org.cn/html/article/1247/5116481.htm［2013-06-08］

宛霞.2013. 打造立体式综合气象观测网. http：//www.cma.gov.cn/2011xzt/2013zhuant/20130313/2013031307/201303/t20130318_208057.html［2013-06-08］

王国华，宋健，何爱芳，等.2004. 杭州城市气象灾害预警体系建设基础及对策研究. http：//www.hangzhou.gov.cn/main/tszf/dcyj/gyfz/T22395.shtml［2013-06-08］

王迎春，郑大玮，李青春.2009. 城市气象灾害. 北京：气象出版社：1-10

魏丽，焦智新，周毅.2004. 香港"天气及次生灾害策划与准备专题研讨会"引发的思考. 江西气象科技，27（3）：33-35

吴保生，丘丽红.2009. 论我国自然灾害预警机制的建立与完善. 兰州学刊，（3）：92-100

吴健生，等.2004. 自然灾害对深圳城市建设发展的影响. 自然灾害学报，13（2）：39-45

吴江.2008. 应对突发事件读本. 北京：中国人事出版社：1-2

吴量福.2004. 美国地方政府管理中应急系统及其运作. 政治学研究，（1）：103-114

吴新燕.2004. 美国社区减灾体系简介及其启示. 城市减灾，（3）：2-4

吴钟斌.2005-10-08. 人民利益高于一切——我省抗击强台风"达维"纪实. 海南日报，1版

辛吉武，邢旭煌，翁小芳，等.2006. 我国主要农业气象灾害分布特征及其防御措施. 中国人口·资源与环境，（4）：199-202

辛吉武，许向春，陈明，等.2009. 气象灾害防御管理模式及防御机制研究. 中国软科学，增刊（下）：276-283

徐娜.2006. 应急管理之盾. 中国减灾，（3）：6-13

薛澜，张强，钟开斌.2003. 危机管理——转型期中国面临的挑战. 北京：清华大学出版社：55-96

雅罗.2005. 气象灾害10年害死62万人. http：//news.sohu.com/20050323/n224827839.shtm［2005-05-23］

央视经济信息联播.2005. 台风达维造成海南全省大停电. http：//www.sina.com.cn/c/2005-09-26/23237870549.shtml［2013-06-08］

姚国章.2007. 日本自然灾害预警系统建设报告. 电子政务，（11）：66-82

叶耀先.2005. 中国—日本防灾和灾害应急管理比较//李学举. 灾害应急管理. 北京：中国社会出版社：254-290

游志斌.2006a. 当代国际救灾体系研究. 北京：中共中央党校研究生院博士学位论文：59-136

游志斌.2006b.俄罗斯救灾体系.中国公共安全：学术版，（4）：163-167

袁艺.2004a.日本的灾害管理（一）：日本灾害管理的法律体系.中国减灾，（11）：50-52

袁艺.2004b.日本的灾害管理（二）：日本灾害管理的行政体系与防灾计划.中国减灾，（12）：54-56

袁艺.2005a.日本的灾害管理（三）：备灾—应急—恢复重建.中国减灾，（1）：49-51

袁艺.2005b.日本的灾害管理（四）：防灾宣传、教育和防灾支援系统.中国减灾，（2）：51-53

詹姆士·米切尔.2005.美国的灾害管理政策和协调机制//李学举.灾害应急管理.北京：中国社会出版社

张沁园.2006.SWOT分析法在战略管理中的应用.企业改革管理，（2）：62-63

张庆阳.2008.国外气象防灾减灾概述.气象科技合作动态，（6）：1-18

张维平.2006.关于突发公共事件和预警机制.兰州学刊，（3）：156-161

张小宁.2013.印度尼西亚、泰国应急管理考察报告.http：//yjb.shaanxi.gov.cn［2013-10-18］

章国材.2004.关于气象灾害应急管理的思考.http：//www.cma.gov.cn/kppd/kppdqxwq/kppdfzbd/201212/t20121202_193796.html［2005-05-23］

章国材.2006.防御和减轻气象灾害.气象，32（3）：3-5

赵叶苹，刘华.2005."达维"致海南电网瓦解 "黑启动"恢复供电.http：//news.xinhuanet.com/politics/content_3546471.htm［2005-12-23］

赵菊.2006.英国政府应急管理体制及其启示.军事经济研究，（10）：77-78

中国气象报社.2009.气象灾害影响及成因.http：//www.cma.gov.cn/qxkp/cyqxzs/200904/t20090403_30816.html［2013-06-08］

中国气象局.2009.气象灾害成因、分类及我国常见灾害的防御.http：//news.xinhuanet.com/weather/2009-06/05/content_11490331.htm［2013-06-08］

中国天气网.2009.防灾减灾之气象灾害.http：//www.weather.com.cn/static/html/article/20090506/31608.shtml［2013-06-08］

周波涛，於琍.2012.管理气候灾害风险推进气候变化适应.中国减灾，（3）：18

周松.2010.澳大利亚应急管理体系概述.大众商务，110（2）：25-26

Bryson J M.1995.Strategic Planning for Public and Nonprofit Organizations.San Francisco：Jossey-Bass Publishers：87

Fink S.1986.Crisis Management：Planning for the Inevitable.New York：American Management Association

Garatwa W，Bollin C.2002.Disaster Risk Management：Working Concept.Eschborn：Deutsche Gesellschaft für Technische Zusammenarbeit（GTZ）GmbH：8-11

ISDR.2005.Building the Resilience of Nations and Communities to Disaster：Hyogo Framework for Action（2005-2015）

Tingsanchali T.2005.泰国对与水有关的自然灾害的控制.国际水力发电，（5）：47-51

2000～2010 年全国重大
气象灾害事件摘录

21 世纪以来，受全球气候变化的影响，我国极端天气气候事件频发，气象及其次生灾害造成了严重的经济损失和人员伤亡。为了加强对气象灾害防御机制的分析与构建研究，根据《中国气象年鉴》的统计资料，现将 2000～2010 年的全国重大气象灾害事件按干旱、暴雨洪涝、热带气旋、低温冻害和雪灾四类分别摘录如下。

一 干旱

（一）2000 年

1. 北方春夏大旱

自 2 月开始，我国北方地区持续少雨，3 月份部分地区旱象露头或发展，4、5 月降水又持续偏少，加上同期气温偏高和大风天气频繁，土壤失墒快，导致旱情迅速发展，旱区波及西北、华北、东北、黄淮及江淮、江汉等地，其中西北东部、华北中部、东北平原中南部，以及江淮西部、江汉平原等地旱情尤为严重。

入夏后，北方地区先后出现几次较大范围的降雨过程，但华北大部、西北东部等地雨量不大；淮河流域及汉水中上游一带旱情得到解除；而内蒙古大部、山西大部、河北中北部、山东半岛及西北地区东部等地旱情持续，出现春夏连旱。此外，东北地区大部 5 月下旬至 7 月前半月降水一直稀少，旱情发展迅速，部分地区旱情严重。进入 8 月后，北方地区出现几次大范围的降雨过程，大部地区旱情得到解除或缓和。

严重的春夏连旱，使河北全省受旱农田面积达 154.5 万公顷，有 59.8 万公顷农作物干枯死亡。内蒙古自治区农作物绝收面积超过 80 万公顷，占全自治区农作物总播种面积的 14% 以上，还有 2466.7 万公顷草场严重受旱。山西省小麦受旱面积达 46 多万公顷，其中重旱 20 万公顷，干枯死苗 33 余万公顷；春播地受旱面积达 206.7 万公顷，因旱不能播种的有 73.2 万公顷，播种后不能出苗的有 20 万公顷，出苗后干枯死亡的有 6.7 万公顷。5 月上旬，河南全省受旱农田面积 357.1 万公顷，占小麦播种面积的 71.4%，其中严重受旱面积 186.3 万公顷，干枯死亡 15.7 万公顷。甘肃省春旱严重，受旱面积 210.7 万公顷，有 11

万公顷冬小麦因旱死苗严重，有 61.6 万公顷春播作物因旱不能下种，夏粮减产 19.8%，冬油菜减产 31%。湖北省大部地区尤其是鄂北春旱严重，全省受旱面积 278.7 万公顷，成灾 151.9 万公顷，各类农业经济损失达 66 亿多元。辽宁全省农作物受灾面积 278.6 万公顷，占耕地面积的 76%，其中绝收 119.4 万公顷，直接经济损失约 100 亿元。吉林全省受旱面积 345.1 万公顷，其中绝收面积 10.9 万公顷。黑龙江省春夏连旱，全省受旱面积约 532.8 万公顷，受旱区主要位于松嫩平原西南部和三江平原西部。

持续干旱严重影响了农、林、牧业生产，并造成河湖及塘库水量严重不足，中小河流断流，机井干涸，地下水位下降；旱区的居民和工业用水不足，一些乡镇出现人畜饮水困难现象；航运和水力发电等也受到较大影响。另外，干旱高温致使北方部分省份发生大面积蝗虫灾害。

2. 南方部分地区春旱

南方部分地区 2~4 月持续少雨，发生了不同程度的春旱。浙江省大部地区 2 月下旬至 5 月中旬降水量比常年偏少 3~6 成，其中浙北、浙中大部的降水量破近 50 年同期最少记录，浙南接近同期最少记录，发生了全省性春旱，以浙北、浙中旱情最重。四川盆地大部春季降水持续偏少，3~5 月降水量比常年偏少 3~5 成，春旱比较明显。另外，广西南部和西部的部分地区及湖南西北部的部分地区，3~4 月降水量比常年偏少 3~6 成，也出现不同程度的春旱。南方部分地区伏、秋旱。6 月中下旬后，长江中下游地区持续出现高温少雨天气，致使江西、湖南、湖北、安徽、江苏、浙江、广西等省（自治区）部分地区出现了不同程度的伏旱、秋旱或伏、秋连旱。8 月中旬以后，降雨增多，旱情才逐步缓解。

（二）2001 年

1. 北方春旱

北方地区自 2001 年 2 月开始降水持续偏少，2~6 月上旬华北大部、黄淮大部、东北中南部及西北东部部分地区总降水量一般只有 30~80 毫米，比常年同期偏少 4~7 成；为新中国成立以来同期最少的一年，致使北方大部地区发生了持续性干旱。据有关部门统计，在旱情最重的 6 月上旬，全国旱田受旱面积一度达到 4.2 亿亩，为 20 世纪 90 年代以来同期最大值，水田缺水面积 2070 万亩，曾有 2260 万农村人口和 1450 万头大牲畜发生临时饮水困难；17 个省的 364 座县级以上城镇缺水，日缺水量 1300 多万立方米，影响人口近 2200 万。山西、山东、河南、辽宁等省旱情尤为严重。山东省 5 月底受旱面积 3495 万亩，南部和半岛地区旱情严重，干土层最厚达 15 厘米，严重受旱地区作物凋萎或不出苗；

6月上旬受旱农田扩大到4570万亩，重旱面积达1540万亩。5月底，河北全省受旱面积3750万亩，干旱使水资源日趋紧张，地下水位持续下降，全省有14.4万眼机井出水不足，仅张家口、保定两市就有69.5万人、15.6万头大牲畜发生饮水困难，一些地区作物播种后因缺水不出苗或缺苗断垄；至6月上旬末，全省干旱面积发展到4155万亩。6月中旬以后，北方旱区雨水增多，西北东部、华北大部旱情相继得到不同程度的缓解，东北大部、华北南部、黄淮大部旱情基本解除。

干旱给农业生产带来极为不利的影响，春播严重受阻并影响出苗和幼苗生长，对冬小麦生长特别是后期产量形成十分不利；干旱还诱发各种病虫害，河南、河北、山西、辽宁等地均出现了大面积病虫害。两者共同影响，造成一些省（自治区、直辖市）粮食不同程度减产。

2. 夏伏旱

江淮地区自3月开始少雨，其间虽有不同程度的降雨，但仍较常年同期偏少，旱情不断发展。6月，长江流域进入主汛期，各地降雨增多，旱情一度缓解。但由于2001年长江中下游流域一带梅雨期较常年偏短、降雨量少，梅雨结束后，又多次出现持续晴热高温天气，加上春季雨水少，致使旱情再度急剧发展。安徽、江苏、湖北、湖南、重庆、四川等地出现了近几十年来罕见的伏旱。到7月中旬，安徽淮河蚌埠闸以上水位出现1965年以来同期最低值；江苏省"三湖一库"均接近死水位，淮河主航道断航，至7月16日，淮北最大的水源地——洪泽湖基本枯竭。湖北省大部地区农田耕作层土壤相对湿度在50%以下，部分地区干土层达8～10厘米，为历史同期少有。全省晚稻有近一半缺水，部分绝收。

3. 秋旱

入秋后我国东部地区降水明显偏少。北方大部自8月开始少雨，8月上旬至10月中旬降水量一般不足200毫米，比常年同期明显偏少，其中东北西部、内蒙古中北部、华北中南部、黄淮西部等地偏少5～7成，加上同期气温持续偏高，东北到江淮、江汉之间的大部地区继春旱或伏旱之后又出现了不同程度的秋旱，湖北、湖南、安徽、江苏、山东、河南等地旱情较为严重，使秋收作物后期生长及冬小麦适时播种和出苗受到一定影响。尤其是湖北省，大部地区全年降水持续偏少，部分地区继春夏旱后又发生秋旱。9月至10月5日鄂东和江汉平原大部降水量不足5毫米，一些地方甚至滴雨未下，大部地区10～20厘米深土壤相对湿度不足40%；全省有1860万亩农作物受旱，其中重旱735万亩，干枯255万亩；干旱对秋播工作产生较大影响，同时晚稻田缺水，造成晚稻结实率和千粒重下降；持续干旱使全省75座大中型水库接近或低于死水位，一半以上的塘堰干涸，2000 多条河溪断流，部分地区人畜饮水发生困难，有的学校被迫停课。至 10 月底，持续干旱才得以解除。湖北省 2001 年出现的夏秋连旱为新中国成立以来范围最广、程度最重的一年，干旱造成的直接经济损失达 136 亿元，其中农业直接经济损失就达 112 亿元。

湖南省 8～9 月降雨量持续偏少，8 月下旬至 9 月中旬，不少地方几乎滴雨未下，全省中等以上程度干旱区域 20.5 万平方公里，农作物受旱面积 1095 万亩，直接经济损失 19 亿元；常德市澧县西部山丘区水库、溪河、堰塘几乎全部干涸，3 万多户人家每户每天只能在规定时间和地点领取到 1 担由政府送来的救命水。江苏省出现了有纪录以来最旱的秋季，淮北及南京、镇江、扬州的丘陵地区 9 月 1 日至 10 月 20 日累计降水量仅 1～30 毫米，较常年同期偏少 9 成以上，其中南京市区仅 5 毫米，是 1905 年以来最少的一年；由于降水少，加之上游来水也少，淮河自 5 月份起长期断航，淮河干流蚌埠闸累计断流天数达191 天。

此外，东北大部地区除 1 月、3 月多雨雪外，年内大部时段降水偏少，气温偏高，特别是秋季空气干燥，使林区维持较高的森林气象火险等级，一些地区火情不断，位于松嫩平原腹地的黑龙江扎龙自然保护区遭受了有史以来最大的火灾，烧毁 15 万多亩芦苇地，使丹顶鹤等珍稀动物的生存环境受到严重威胁。

（三）2002 年

1. 北方和华南两地冬春连旱

北方和华南两地大部地区 2001 年秋季降水量偏少 3～7 成；2002 年 1～3 月降水量一般又偏少 4 成以上，同期气温持续异常偏高，春旱露头早、发展快，旱区波及华北大部、东北西部、黄淮中北部、西北东部及华南、西南的部分地区。截至 3 月底，全国受旱和缺水缺墒的农田达 2100 万公顷，有 1590 多万农村人口发生临时饮水困难，24 个省（自治区、直辖市）的一些县级以上城镇缺水。进入 4 月以后，大部旱情先后得到缓解；仅粤东、闽南一带持续少雨到 7 月上旬，冬春夏初连旱，出现了几十年来罕见的旱情。

2. 秋旱

伏秋季节，华北、东北西部、黄淮、西北东南部及西南东北部等虽然出现过几次降水天气过程，但由于总降水量偏少，且时空分布不均，范围不同、程度不等的阶段性干旱一直维持到秋末，大秋作物生长发育和冬小麦的适时播种受到影响。其中，黄淮北部和华北的东南部等地持续少雨，伏秋连旱；山东省发生百年不遇的干旱，南四湖地区总来水量仅及正常年份的 10％，湖区生态环境受到很大影响。

（四）2003 年

1. 东北春旱

东北大部自 2002 年秋季开始降水一直偏少，冬春降水量又普遍较常年偏少 3～8 成，尤其 2003 年 1～5 月东北地区平均降水量仅次于 1993 年和 1965 年，是自 1954 年以来第 3 个少雨年，同期气温普遍偏高，致使东北西部和内蒙古东部旱情较重，部分地区自 1999 年以来连续 5 年出现干旱，而 2003 年的干旱又明显重于前几年。据 5 月中旬统计，东北地区受旱面积达 660 多万公顷，近千座水库干涸，数百条河流断流，地下水位大幅度下降，大面积农田无法正常播种，数百万农村人口的生活用水出现困难。另外，大兴安岭林区由于持续干旱，加之气温偏高，多次发生森林火灾。

2. 南方伏秋连旱

盛夏，长江以南大部高温少雨，7～8 月上旬降水总量一般仅有 50～200 毫米，普遍偏少 3～8 成；其中，湖南南部、江西中南部、福建北部及浙江西南部不足 50 毫米，偏少 8 成以上，部分地区降水量为近 40 多年来同期的最小或次小值。持续高温少雨，导致江南、华南等地旱情迅速发展，其中浙江、福建、湖南、江西出现了 1971 年以来最严重的伏旱，浙江东部和南部的旱情已超过新中国成立以来干旱最严重的 1967 年。据 8 月中旬统计，浙江、福建、湖南、江西、湖北 5 省农作物受旱面积达 562 万公顷，成灾 352 万公顷，部分地区人畜饮水发生困难，一些城镇限量供水、供电，使人们正常的生产、生活受到较大影响。秋季，南方大部降水仍然偏少，其中浙江、江西、湖南、福建、广西自夏季以来持续少雨，5 省（自治区）7～11 月平均降水量远低于多年平均值，为 1954 年以来极小值，部分地区伏旱连秋旱，旱情严重。受持续少雨干旱的影响，江西赣江一些河段干涸，部分河流出现了 50 年来历史同期最低水位，一些航道被迫中断航行，部分水库也出现了水荒，城镇供水取水发生困难。湘江长沙段水位一度达到 1910 年有水位记录以来的最低值。另外，水力发电受到很大影响，南方多省市出现供电紧张现象。

（五）2004 年

1. 华南等地初春干旱

江南和华南地区 2003 年夏季至 2004 年 1 月上旬出现了大范围历史罕见的夏秋冬连旱。1 月中旬后，上述地区降水略有增多。但 2 月中旬至 3 月下旬前期，华南中部和南部地区又出现持续少雨天气，广东、广西、海南的部分地区旱情又有发展。3月中旬，华南全区有661万农业人口受旱，其中101万人饮水困难；因旱农作物受灾面积26万公顷，成灾3万公顷；受旱果树4.5万公顷。共造成农业经济损失5294万元。进入4月后，江南、华南地区降水明显增多，尤其是5月降雨强度增大，旱情逐步缓解。

另外，云南大部地区2～3月降水持续偏少，旱情一度发展加剧，全省有17万人、3万多公顷农作物受灾，经济损失1100多万元。4月上、中旬云南大部地区降水过程较多，降水量比常年同期偏多2倍以上，旱情基本解除。

2. 北方大范围春旱

北方地区2003年秋季降水充沛，但2004年入春后，北方大部地区持续少雨（雪），东北西南部、华北、黄淮、西北东北部等地3月1日至4月24日的降水量为1951年以来同期最少值。与此同时，这些地区气温持续偏高，土壤墒情下降，致使干旱范围不断扩大，旱情日益加重，春播作物适时播种出苗和冬小麦生长发育受到很大影响。4月中旬，全国农作物受旱面积一度达到513万公顷，有796万农村人口、458万头大牲畜因旱发生临时饮水困难。4月25日以后，中东部地区出现大范围明显降水过程，使华北、黄淮的大部地区土壤墒情明显好转，旱情缓和，对农业生产十分有利。

3. 内蒙古东部、东北西部严重春旱连初夏旱

1月至6月上半月，内蒙古东部、吉林西部、黑龙江西南部、辽宁西北部降水持续偏少，总降水量较常年同期偏少5成以上，其中吉林通榆、白城和内蒙古的扎鲁特旗、乌兰浩特等地偏少9成左右。上述地区（43站）区域降水量仅有58.6毫米，只及常年的一半，为1951年以来同期最小值。与此同时，气温持续偏高（其中6月上、中旬区域平均最高气温比常年同期偏高3.3℃，为1951年以来仅次于1982年的次高值），土壤失墒加快，导致这一地区发生了近50多年来同期最严重的干旱，耕地受旱面积达650多万公顷，春播和作物幼苗生长受到很大影响。据反映，吉林省中西部地区部分江河出现断流，水库蓄水量明显下降。截至6月15日，全省干旱总面积245.2万公顷，其中严重干旱面积119.4万公顷，因旱未播种面积11.7万公顷，没有出苗的面积为5.4万公顷，缺苗断条面积为5.6万公顷。内蒙古赤峰市、通辽市、兴安盟和呼伦贝尔市西部地区，春播后直至6月中旬后期，未出现一场大范围的降水过程，形成极其严重的春季至夏初连旱。截至6月2日，兴安盟抗旱坐水种面积达34.1万公顷，仍有13.3万公顷晚田在等雨播种；通辽市很多水库、河流干涸，土壤墒情极差，截至5月25日全市有20万公顷耕地未播，近7万公顷保苗困难，旱地缺墒面积37.1万公顷，水田缺水面积1.3万公顷；赤峰市农田受旱面积66.7万公顷，北部旗（县）有近40万公顷旱坡地作物因旱未播，已播作物苗情弱、长

势差。

6 月中旬后期至 7 月上旬，东北地区出现大范围降雨过程，干旱范围明显缩小。但 7 月中旬至 8 月中旬，内蒙古东北部、吉林西部及黑龙江西南部降水量较常年同期偏少 3～8 成，干旱再度发展。8 月下旬，东北地区出现大范围降水，旱情有所缓解，但内蒙古东部、吉林西部旱情仍然持续到 9 月中旬才逐渐缓解。

4. 西南、华南、江南部分地区高温伏旱

7 月下旬至 8 月中旬，西南地区东部、华南、江南东北部、江淮东部持续高温少雨，其中重庆、四川东部、福建中东部沿海、浙江北部、江苏东南部降水量不足 100 毫米，局部地区不足 50 毫米，偏少达 5～8 成。与此同时，江淮、江南、华南北部和四川东部、重庆等地出现 10～25 天日最高气温≥35℃的高温天气，部分地区极端最高气温达到了 38～40℃。持续高温少雨，土壤水分蒸散量增大，导致上述地区发生伏旱，局部伏旱严重。其中重庆市农作物遭受伏旱面积达 33 万公顷，有 20 多万人饮水发生困难。8 月中旬 14 号台风"云娜"带来了丰沛的降雨，使得江西、浙江等地的高温干旱得到缓解。重庆、江苏、福建、广东等地的旱情直到 8 月下旬才逐渐缓解。

5. 华南、长江中下游地区大范围严重秋旱

入秋以后，南方大部降水持续偏少，尤其是 10 月份各地降水锐减，其中华南和长江中下游的大部地区月降水量不足 10 毫米，偏少 8 成以上。据统计，广东、广西、海南、湖南、江西、安徽、江苏 7 省（自治区）9～10 月的区域平均降水量仅有 98 毫米，为 1951 年以来同期最小值。持续少雨，导致秋旱快速发展。到 11 月初，旱区扩展至几乎整个长江中下游和华南地区，其中广西、广东大部、海南、福建西南部、湖南南部、湖北东部、江西大部、苏皖中南部、浙江北部等地达到重旱标准，部分地区达到特重旱标准。截至 11 月上旬，上述地区农作物受旱总面积达 510 多万公顷，成灾面积 90 多万公顷，绝收面积 30 万公顷，受灾人口达 4000 多万，有 900 多万人、300 多万头牲畜饮水困难，直接经济损失 60 多亿元。其中，广西有 106 个县（区）、1950 多万人受灾，农作物受害面积 140 多万公顷，成灾面积 56.7 多万公顷，因灾减产粮食近 52 万吨，农业直接经济损失达 21 亿多元。此外，持续干旱少雨的天气使森林防火任务加重，内河航运、水力发电和以漓江为代表的旅游业均受到严重影响，全区电力供应形势严峻。

11 月上、下旬，长江中下游和华南北部旱区出现较明显的降水过程，旱情得到有效缓解，有利于农作物生长发育及冬种工作的开展。但华南中部和南部地区直到 12 月依然持续少雨，广东、海南等地发生了秋冬连旱，旱情较重。

(六) 2005 年

1. 华南地区秋冬春干旱及影响

华南南部自 2004 年秋季开始少雨，2004 年 9 月至 2005 年 5 月中旬降水总量一般只有 300～600 毫米，为 1951 年以来同期最少值。广东雷州半岛和海南大部 3 月 1 日至 5 月 20 日降水总量一般为 100～200 毫米。海南省 2004 年 6 月至 2005 年 4 月降水总量仅为常年值的一半，是 1954 年以来同期最少值。海南大部、广东西南部及广西东南部出现了秋冬春三季连旱，造成江河来水量减少，水库等蓄水量严重不足，干旱持续发展。海南在旱情最为严重的 4 月份，农作物受旱面积占常用耕地面积的 57.36%，全省 100.58 万人、23.43 万头牲畜发生临时饮水困难。因旱影响，粮食作物、经济作物少种面积 6.86 万公顷，作物受旱面积 33.65 万公顷，受灾面积 18.37 万公顷，绝收面积 33.69 万公顷，因旱灾粮食损失 32.57 万吨，经济作物损失 18.3 亿元。因旱缺草造成 452 头黄牛、水牛死亡。全省农渔业、电力等直接经济损失达 20.5 亿元。

2. 云南省发生严重春旱

4～5 月云南大部持续少雨，西部和北部地区降水量比常年同期偏少 5～8 成，发生近 50 年来少见的严重春旱。4～5 月降水持续偏少，全省平均降水量仅 96.0 毫米，其中降水量比常年同期偏少 5 成以上的站有 84 个，占全省总站数的 68%；偏少 8 成以上的站有 22 个，主要分布在昆明、玉溪、大理、迪庆、丽江等州市。加之 5 月全省日照罕见偏多，高温天气持续，出现了近 50 年来最严重的干旱灾害。全省农作物受灾面积 130.3 万公顷，其中绝收 9.5 万公顷，干旱造成 464 万人、288 万头大牲畜饮水困难。

5 月下旬，云南南部和东部出现了 20～50 毫米降雨，广东雷州半岛和海南大部出现了 50～100 毫米降雨，前期旱情得到不同程度的缓和，但由于少雨时间长，部分地区雨量不大，云南大部地区干旱仍维持到 6 月中旬，滇西、滇东北的局部地区旱情直至 7 月上旬才解除。

3. 北方春、夏旱及影响

3～4 月，秦岭至黄河下游以北大部降水量不足 20 毫米，比常年同期偏少 5～8 成，加之气温回升，大风天气多，土壤墒情下降较快，北方冬麦区部分地区（华北南部、西北东部、黄淮北部）出现旱情并发展，对冬小麦生长发育和春播造成影响。5 月中旬，我国北方出现较大范围的明显降雨过程，河北中北部、京津地区、山西北部和西部、陕西、甘肃东部和南部降水量有 50～100 毫米，旱情得到有效缓解。与 2004 年春季相比，2005 年北方春旱发生时间晚、持续时间短、范围小、程度轻。初夏，西北东北部、华北西北部及内蒙古中西部等地由于持续少雨，加之气温普遍偏高，土壤失墒加剧，致使西北东北部、华北大部夏旱露头并发展。7～8 月，这些地区降水量仍然不足，部分地区还出现持续高温天气，造成旱情维持并发展，其中内蒙古中西部、宁夏中北部等地旱情严重。

受其影响，内蒙古锡林郭勒盟农区三类墒土壤面积 4.5 万公顷，牧区受旱草场面积 1322 万公顷，特别是北部边境地区是全盟受旱最重区，春季休牧涉及人畜饮水困难的有 4.3 万多牧户、14.66 万人、485.58 万头（只）牧畜。7 月至 9 月中旬，内蒙古中西部地区降水量持续偏少，部分地区还出现持续高温天气，致使土壤失墒较快，加剧了部分地区旱情的发展，全区有 800 多万公顷农作物或牧草受旱，240 多万人发生饮水困难。7 月中旬统计，内蒙古锡林郭勒盟太仆寺旗地区粮油作物成灾面积达 3.9 万公顷，占旱地播种面积的 90%，绝收 1.3 万公顷，直接经济损失 1.1 亿元，全旗 20 万公顷草场全部受灾，受灾牲畜达 50 万头。宁夏全区共有 72 万人受干旱影响，46 万人和 80 多万头牲畜发生饮水困难；28.1 万公顷农作物受旱；因干旱造成的直接经济损失约 12.7 亿元。

4. 长江中下游等地夏秋旱

6 月，长江中下游沿江大部地区月降水量普遍不足 100 毫米，比常年同期偏少 3～5 成，加之上述地区气温普遍较常年同期偏高 2～4℃，部分地区偏高达 5～6℃，特别是 6 月中旬至下旬前期出现大范围持续高温天气，土壤失墒加剧，致使长江中下游沿江及其以北地区夏旱迅速发展蔓延。6 月下旬后期至 7 月上旬，江淮大部及湖北西部出现明显降水，旱情得到解除，但江南北部地区降水量仍然持续偏少，并且气温比常年同期明显偏高，致使旱情持续并发展。7 月中下旬，受台风"海棠"的影响，江南、华南部分地区出现了大暴雨或特大暴雨，丰沛的降雨使得浙江、江苏等地的干旱得到缓解。8 月上旬，江南西部、华南中西部及贵州等地因雨少温高，部分地区出现持续高温天气，致使旱情持续或发展。8 月中下旬，南方多次出现降水过程，旱区旱情出现缓和，但由于降水分布不均，湖南、江西、贵州、广西等地的部分地区仍存在不同程度的旱情。

5. 东北、华北和西北东部秋旱或夏秋旱及其影响

秋季，东北大部、内蒙古、华北北部降水偏少，部分地区出现秋旱。其中 9 月上旬，北方大部基本无降水，西北东部、华北西部、内蒙古、黑龙江西北部、吉林西部等地夏旱连秋旱；9 月中旬，内蒙古、东北西北部及华北北部雨水稀少，尤其内蒙古东北部、黑龙江西北部及河北北部降水偏少 8 成以上，加之气温明显偏高，致使旱情持续或发展。11 月，北方大部地区雨雪稀少，降水总量一般不足 10 毫米，西北东部到东北中部一带降水量较常年同期偏少 5～8 成，其中辽宁西部、河北、京津、山西、陕西北部、宁夏和内蒙古大部偏少 8～9 成，

秋旱持续或发展。受其影响，甘肃陇中部分地方和陇东北部有 6.67 万公顷越冬作物受旱。黑龙江北部林区发生夏旱连秋旱，因干旱高温 9 月 29 日黑河市嫩江县、爱辉区相继发生 5 起森林火灾，火场过火面积近 1 万公顷。10 月 23 日呼玛县发生重大森林火灾，火场过火面积约 11 万公顷。吉林省白城市 8～9 月降水量较常年偏少 5 成以上，干旱灾害面积为 18.2 万公顷，成灾面积 7000 公顷，绝收面积 1000 公顷。辽宁 8 月中旬至 9 月中旬，全省平均降水量仅有 9.1 毫米，较常年同期偏少 9 成，为 1961 年以来历史同期第一少年，加之气温偏高，部分地区出现不同程度的秋旱。其中，锦州地区严重干旱达 1.67 万公顷，受干旱地块 3.67 万公顷。秋旱造成粮、菜损失近 300 万元。北京 2005 年夏季降水偏少，秋季 3 个月降水持续偏少，旱情持续发展。到 11 月底约有 2/3 的面积出现不同程度的旱情，农作物受旱 3.2 万公顷。

（七）2006 年

1. 华北、西北东北部等地春旱明显

2005 年 10 月至 2006 年 4 月，华北地区降水量较常年同期普遍偏少 50％～80％，其区域平均降水量为 1951 年以来同期次少值，春旱明显。3～4 月，宁夏和甘肃大部降水量比常年同期偏少 25％～80％，加上同期气温偏高，土壤失墒加剧，致使宁夏、甘肃出现大范围春旱，春播受阻，人、畜饮水受到严重威胁。云南省 1～4 月降水偏少、气温偏高，4 月下旬全省发生中等以上强度的干旱，旱情为近 20 年来同期最重。

2. 重庆、四川特大伏旱

夏季，重庆、四川持续高温少雨，两省（直辖市）夏季平均降水量 345.9 毫米，只有常年同期的 67％，为 1951 年以来同期最少值。同时，重庆、四川盛夏（7～8 月）平均气温之高也创 1951 年以来同期之最。特别是 7 月中旬以后，重庆、川东遭受持续高温热浪袭击，导致干旱不断发展加剧，重庆遭遇百年一遇特大伏旱，四川出现 1951 年以来最严重伏旱。两省（直辖市）农作物受灾面积 338 万公顷，其中绝收 72 万公顷；有 1800 多万人、1600 多万头大牲畜发生临时饮水困难；直接经济损失 192.6 亿元。

3. 中东部大范围秋旱

2006 年 9 月至 11 月上半月，我国中东部地区降水量明显偏少，尤其华北大部、黄淮、华南西部较常年同期偏少 50％～80％；与此同时，全国气温普遍偏高，其中 9 月下旬至 11 月上半月，中东部地区气温更是偏高达 2～4℃。温高雨少，土壤水分蒸发加快，导致中东部地区发生大范围干旱。截至 11 月中旬，全国共有 640 多万公顷农田受旱，490 多万人、270 多万头大牲畜发生临时饮水困难。其中，山东、广西旱情较重，对农业生产影响较大。

（八）2007年

1. 华北、西北、黄淮部分地区春旱严重

3月下旬至5月中旬，中国北方大部地区降水量一般不足50毫米，比常年同期偏少3～8成，宁夏、甘肃、陕西、山西、河南、河北6省（自治区）区域平均降水量只有23.7毫米，不足常年的一半，为1951年以来同期最少值。降水持续偏少，加之气温明显偏高，大风天气多，致使土壤墒情急剧下降，干旱迅速发展蔓延，出现较大范围的干旱，西北、华北、黄淮部分地区旱情严重。

2. 内蒙古、辽宁和吉林初夏旱严重，黑龙江遭遇罕见夏旱

6月1～26日，东北大部地区及内蒙古东部降水量不足50毫米，普遍比常年同期偏少5成以上。其中，辽宁、吉林降水量均为1951年以来同期最少值，发生了严重初夏旱。6月11日至8月10日，黑龙江省平均降水量仅为143.1毫米，为历年同期次少值。同时，黑龙江省夏季气温异常偏高，为仅次于2000年的历史第二高值。降水少、气温高造成黑龙江出现大范围干旱，其中重旱区主要分布在三江平原西部、黑河和松嫩平原北部。

3. 江南、华南伏旱严重

7月上旬至8月上旬，江南、华南大部地区气温较常年同期偏高1～2℃；降水持续偏少，其中湖南南部、江西南部、福建西部和南部、广东北部等地降水量不足100毫米，比常年同期偏少5～8成。7月1日至8月10日，江南和华南地区区域平均降水量139.2毫米，为历史同期第三少值；区域平均气温则为历史同期第二高值，广东、福建、浙江等省部分地区最长连续高温日数突破历史极值。高温少雨导致干旱发展迅猛，土壤失墒加剧，水库蓄水减少，旱情严重。湖南、江西、广东、广西4省（自治区）因旱有371.9万人饮水困难、151.9万公顷农作物受灾，其中绝收24.2万公顷，直接经济损失49.9亿元。

4. 江南、华南发生50年一遇特大秋旱

9月下旬至12月中旬，江南、华南及西南东南部降水明显偏少，其中湖南、江西、广东、广西、贵州、福建6省（自治区）平均降水量仅有73.1毫米，为历史同期次少值；最长连续无有效降水日数（日降水量＜1毫米）一般有30～50天，其中江西南部、广东西部长达50～70天。长时间少雨，致使上述地区发生50年一遇特大秋旱，干旱持续至初冬。因旱造成300多万人、250多万头大牲畜发生饮水困难，主要江河湖库水位持续走低，城市供水、航运和水力发电等受到很大影响。

（九）2008 年

1. 东北、华北等地发生严重冬春连旱

1 月 1 日至 3 月 18 日，东北大部及内蒙古、河北、北京等地降水量普遍比常年同期偏少 25％～80％，部分地区偏少 80％以上。其中，黑龙江、吉林、辽宁、内蒙古、北京、天津、河北 7 省（自治区、直辖市）平均降水量仅 5.5 毫米，为 1951 年以来历史同期最少值。由于降水异常偏少，加之气温偏高，东北西南部、华北东部、黄淮的部分地区及内蒙古中东部都出现了中度至重度气象干旱，局部地区出现特旱。

2. 北方部分地区出现阶段性夏旱

夏季，西北东北部和中西部、华北西部和北部、内蒙古、黑龙江等地出现了阶段性气象干旱。其中，5～9 月新疆出现严重夏秋连旱，近 40％的天然草场严重受旱，塔城地区遭受了 30 年一遇的罕见干旱；宁夏中部干旱带、原州区东北部、彭阳北部遭受 1980 年以来最严重的夏旱，库塘蓄水不足，人畜饮水困难，群众正常的生产、生活受到极大影响。

（十）2009 年

1. 北方冬麦区秋冬连旱

2008 年 11 月至 2009 年 1 月，北方冬麦区降水量较常年同期偏少 50％～80％，其中山西中部、河北中南部、河南东北部和中部、山东西部、安徽西北部等地降水量偏少 80％以上。京冀晋豫鲁苏皖陕甘 9 省（直辖市）平均降水量 11.6 毫米（常年值为 30.9 毫米），为 1951 年以来历史同期第四少值；平均无降水日数 85.1 天，为 1951 年以来历史同期次多值，其中河南为历史同期最多，河北、山西为历史同期次多。总体上看，冬麦区降水量之少为 30 年一遇，部分地区达 50 年一遇。持续少雨导致北方冬麦区出现罕见秋冬连旱，农业生产、人畜饮水受到严重影响。

2. 黑龙江及内蒙古东北部春旱

2009 年 4 月 1 日至 5 月 29 日，黑龙江及内蒙古东北部降水量较常年同期偏少 50％～80％，其中内蒙古东北部偏少 80％以上。特别是 5 月 1～29 日，黑龙江及内蒙古东北部区域平均降水量 9.6 毫米，为 1951 年以来历史同期最小值；区域平均气温 15.9℃，为 1951 年以来历史同期最高值。温高雨少导致黑龙江大部出现中到重旱，内蒙古东北部达特旱。干旱造成黑龙江部分地区播种受阻，已播玉米和大豆出苗困难；黑龙江、内蒙古等地森林火险气象等级持续偏高，部分地区发生森林火灾。

3. 辽宁、吉林及内蒙古东南部夏秋连旱

6 月下旬至 8 月上旬，辽宁、吉林及内蒙古东南部降水量较常年同期明显偏少，其中 6 月 21 日至 8 月 15 日上述区域平均降水量 118.5 毫米，为 1952 年以来历史同期最小值，出现 1952 年以来最严重夏旱，部分地区玉米、牧草因旱干枯。8 月中旬后期，旱区出现明显降雨，干旱得到不同程度的缓解；但 8 月下旬至次年 1 月上旬，旱区降水再次偏少，干旱迅速发展，出现了严重夏秋连旱。

4. 南方 6 省（自治区）近 50 年来罕见秋旱

8 月 1 日～11 月 10 日，我国南方大部地区降水量较常年同期明显偏少，湖南、江西、贵州、云南、广西、广东 6 省（自治区）区域平均降水量 294.9 毫米，比常年同期（425.6 毫米）偏少 31 ％，为 1951 年以来历史同期第三少。特别是 8 月 15 日至 9 月 15 日，6 省（自治区）平均降水量为 1951 年以来历史同期最少，高温日数为 1951 年以来历史同期最多。高温少雨致使湖南、江西、贵州、云南、广西、广东等地出现严重秋旱。干旱导致江西鄱阳湖比常年提前 2 个月进入枯水期，赣江、湘江部分河段最低水位创历史新低；部分水库、山塘干涸；居民生活用水和农业生产受到严重影响。

（十一）2010 年

1. 西南地区历史罕见秋冬春特大干旱

2009 年 9 月至 2010 年 3 月中旬，云南、贵州、四川南部、重庆南部、广西北部持续少雨，气温偏高，降水量比常年同期偏少 30％～80％，云南、贵州降水量均为有气象观测记录以来最少值，平均气温分别为历史同期最高和第三高值。西南地区出现有气象记录以来最严重的秋冬春连旱。持续干旱造成云南、四川、广西等地森林火灾频发、农业生产受灾严重、江河湖库水位明显下降、人畜饮水困难，经济社会发展和人民群众生产生活受到严重影响。

2. 华北及内蒙古中东部夏旱

2010 年 6～7 月，华北西部、西北东北部及内蒙古大部降水量较常年同期偏少 30％～80％；内蒙古平均降水量为 1961 年以来历史同期最少，华北地区为第四少。同期，上述大部地区气温偏高 2～4℃，内蒙古平均气温为 1961 年以来历史同期最高值。长时间温高雨少导致华北、西北东北部及内蒙古中东部出现不同程度的干旱，内蒙古中东部、河北西部、山西、陕西北部等地一度出现重旱，局部地区达特旱，造成人畜饮水困难，农作物受灾。内蒙古中东部部分地区干旱持续到 10 月上旬。

3. 华北、黄淮秋冬连旱

10～12 月，华北中南部、黄淮、江淮北部降水量不足 50 毫米，较常年同期

偏少 50％以上，尤其是黄淮大部地区偏少超过 80％，其中山东省平均降水量为 1961 年以来历史同期次少，山西第三少，江苏为第四少值。同时，黄淮西部及河北西部、安徽北部等地气温偏高1～2℃。温高雨少，华北、黄淮、江淮大部干旱迅速发展。2010 年年底气象干旱监测显示，华北大部、黄淮、江淮北部及陕西大部等地存在中度以上干旱，其中山西大部、山东、河南、安徽北部、江苏北部达到重旱以上等级，对农业生产造成一定影响。

二 暴雨洪涝

（一）2000 年

1. 江淮流域暴雨

6 月 17～26 日，西南地区东部、江淮、江南中北部、华南北部等地降了大到暴雨、局部地区降了大暴雨，贵州大部、江西北部、浙江中部及福建部分地区过程降雨量有 10～20 毫米、局部地区达 20～30 毫米；6 月 18 日厦门市降雨量达 321 毫米，为 1892 年以来日降雨量的最大值；广东省珠海雨量也有 217.5 毫米。受暴雨袭击，福建、贵州、江西、浙江、广西、湖南、广东等省（自治区）的部分地区山洪暴发，山体滑坡，农田被淹，房屋倒塌；据不完全统计，福建泉厦高速公路和 316、326 国道因山体滑坡中断运行；鹰厦铁路、漳泉铁路由于暴雨引发泥石流和塌方中断运行。福建晋江东溪、九龙江津溪、木兰溪，广东琴江、梅江等水位超警戒水位；湖南长沙、湘潭等城市市区主要街道数十处溃水。受灾人口 2500 多万，成灾人口 1400 万，死亡 170 多人，倒塌房屋 22 万间，损坏房屋 64.4 万间，农作物受灾 110 万公顷，成灾 68.5 万公顷，绝收 22.5 万公顷，直接经济损失 79 亿元。

2. 淮河、汉水流域及长江上游暴雨

7 月份，淮河、汉水流域、长江上游及华北南部等地出现几次较大的降雨过程，以 11～16 日的暴雨、大暴雨过程范围最大、强度最强。这次降水，四川东部、重庆、陕西南部、河南东部、湖北西北部、安徽北部等地过程雨量有 100～200 毫米，其中陕西紫阳县 24 小时雨量达 210 多毫米，河南漯河 218 毫米、方城 205 毫米、确山 201 毫米、太康 180 毫米。暴雨导致陕西山洪暴发，引发多处山体滑坡和泥石流灾害，共造成 213 人死亡；其中紫阳县受灾最重，死亡 202 人；河南省 24 座中小型水库溢洪，漯河境内澄河水势上涨迅猛，流量达 3300 立方米/秒，最大达 6000 立方米/秒，大大超过该河的保证流量，两岸洪水漫溢，其中舞阳县孟寨镇北堤决口宽达 200 多米，保和乡、文峰乡各有一处宽 120 米左右的决口，造成 219 个村庄 28 多万人被水围困，平均水深 1.4 米。

3. 海南强降雨

10 月 11～16 日，华南南部出现大范围的强降雨过程，其中海南省有 15 个县市普降暴雨或大暴雨、局地特大暴雨，海口、屯昌、文昌等 10 县（市）过程雨量在 400 毫米以上，其中屯昌县高达 831.6 毫米，海口、琼海、屯昌、三亚等地日降水量超过历史极值。暴雨造成水库溢洪，江河水位暴涨，洪水泛滥成灾，出现了海南气象记录上少有的暴雨洪涝灾害。这次洪涝灾害造成海南全省 15 个县（市）的 230 个乡镇 296.5 万人受灾，203.1 万人成灾，占全省总人口的 26.7%；742 个村庄的 21.6 万人被洪水围困，10 人死亡；农作物受灾面积 30 多万公顷；5.68 万头（只）大牲畜死亡；1.4 万公顷水产养殖受损，损失水产品 8.26 万吨；全省 655 条（次）公路交通中断，1139.9 千米路基（面）毁坏，26.6 万平方米公路边坡塌方，海榆东线、中线国道被淹，致使交通中断；海口美兰机场一度被迫关闭。琼州海峡因风大停航 6 天，出岛瓜菜、海鲜及牲畜受损严重；76 个工矿企业停产，146 座水库损坏，直接经济损失 39 亿元以上。

（二）2001 年

1. 初夏南方部分地区暴雨洪涝

6 月上旬至中旬初，南方出现一次大范围的降雨过程，粤、桂、湘、鄂、闽、赣等地的部分地区出现了暴雨、大暴雨，局部特大暴雨天气。其中，两广降雨持续时间长、强度大，广东中部沿海地区过程降水量达 400～600 毫米，其中广东阳江 6 月 2～13 日降雨量高达 1269 毫米（7 日和 8 日降雨量分别达 355.5 毫米和 605.3 毫米）。连日的暴雨致使江河水位急剧上涨，多处出现山洪、山体滑坡、泥石流等灾害；广东和广西共有 623 万人受灾，因灾死亡 60 人，直接经济损失 15 亿多元。8～10 日，湖北省大部地区也降了大到暴雨，部分地区降了大暴雨，荆州、孝感、宜昌等 22 个县（市）的 800 多万人受灾，死亡 12 人，倒塌房屋 1.3 万间，受灾农作物 840 万亩，直接经济损失达 10 亿元。

2. 初秋四川盆地暴雨洪涝

9 月 18～23 日，四川盆地西北部出现区域性暴雨过程，绵阳、德阳及成都、广元部分县（市）出现了新中国成立以来同期最严重的暴雨天气，一些地方出现了罕见的大暴雨、特大暴雨。这次降雨主要集中在沱江、涪江流域上游的德阳、绵阳两市及成都市的部分地区。19 日，德阳降雨量达 282.1 毫米，突破历史极大值；绵阳也达 235.2 毫米，仅次于 1961 年（306 毫米）。因降水强度大，绵阳、德阳城区出现新中国成立以来最大的内涝洪灾，沱江流域出现了 1981 年以来的最大洪峰。两市受灾人口 240 多万，受灾农作物 225 万多亩，市区、乡镇不少街道进水，最深达 1 米多，部分交通、水利、电力等设施被毁，450 多家工矿企业停产。这次暴雨洪涝共造成直接经济损失 25 亿元以上。

（三）2002 年

1.6 月上旬后期至中旬初北方地区暴雨

6 月上旬后期至中旬初，北方地区自西向东先后出现中到大雨、局地暴雨或大暴雨。其中，陕西省 8、9 两日有 33 站次暴雨，佛坪站日降水量达 210 毫米，为建站几十年来最大日降水量；暴雨造成全省 18 条江河涨水，还引发了局地山体滑坡、泥石流等灾害，其中佛坪县因灾死亡 132 人，失踪 105 人。

2.6 月中旬西南东部、江南中南部及华南部分地区暴雨

6 月 10～17 日，西南东部、江南中南部及华南部分地区降了大到暴雨、局地大暴雨，降水量一般有 100～250 毫米，部分地区达 300～600 毫米。重庆壁山、沙坪坝 14 小时降水量分别达 275 毫米和 264 毫米，创当地有气象记录以来之最；江西省广昌 15 日雨量达 394 毫米，也破当地日最大降雨量极值；福建建宁、广西桂林、四川沐川日（或 24 小时）降雨量也分别达 266 毫米、225 毫米和 252 毫米。受这次强降雨袭击，西江、湘江、赣江、抚河、闽江等均发生超警戒水位洪水，重庆、江西、福建、广西、湖南 5 省（自治区、直辖市）受灾人口近 2000 万，直接经济损失达 90 多亿元，其中重庆、广西、江西、福建 4 省（自治区、直辖市）死亡 119 人，湘桂、渝怀铁路因暴雨塌方一度中断运行；江西南丰、南城县城进水，广昌甘竹镇水深 2 米多。

（四）2003 年

1. 淮河流域大洪水

淮河流域梅雨期（6 月 21 日至 7 月 22 日）先后出现 6 次集中降雨过程，过程降水量普遍有 400～500 毫米，江苏、安徽两省沿淮地区及河南东南部的部分地区达 500～600 毫米，较常年同期偏多 1～2 倍。主汛期流域平均降水量仅次于 1954 年，为近 50 年来第二位。雨区和降雨时段集中，雨量大，导致淮河流域干支流水位普遍上涨，超过警戒水位，王家坝分别于 7 月 3 日和 11 日两次开闸泄洪，这是 1991 年淮河大水之后王家坝首次开闸泄洪，淮河流域形成了 1991 年以来最大的洪水。据安徽、江苏、河南 3 省不完全统计，有 5800 多万人受灾，紧急转移 200 多万人，受灾农作物 520 多万公顷，绝收 120 万公顷，直接经济损失 350 多亿元。

2. 黄河中下游秋汛

8 月下旬至 9 月上旬，西北东南部、华北南部、黄淮及湖北西北部、四川东部等地频繁出现强降水过程，降水量较常年同期偏多 1～2 倍以上。陕西中南

部、河南、山东西南部、湖北西北部、四川东北部等地的部分地区遭受较重的暴雨洪涝灾害，陕西省渭河干流多次出现警戒流量以上洪峰，汉江出现秋汛；9 月下旬至 10 月中旬，西北东部、华北南部、黄淮西部等地再次出现较强降水过程，致使渭河流域 10 月初再次出现洪峰，黄河中下游水位上涨，黄河出现历史罕见的秋汛，陕西、山西、河南、山东沿线地区洪涝灾害较重，河南开封、山东东明部分滩区进水，近 20 万人被洪水围困。

（五）2004 年

1. 云南德宏州盛夏特大洪涝及滑坡、泥石流灾害

7 月上旬，西南地区东部等地出现大到暴雨天气过程。7 月 5 日，云南省德宏州盈江、陇川、瑞丽等县（市）降大暴雨，24 小时降雨量分别达 117.3 毫米、137.7 毫米、132.4 毫米，其中盈江县昔马镇 24 小时降雨量达 350.4 毫米，发生特大洪涝和滑坡、泥石流灾害，导致农田、水利、交通、民房严重受损，造成 15 人死亡、25 人失踪；7 月 18～20 日，盈江县再次遭受严重洪涝和滑坡、泥石流灾害，造成 12 人死亡、48 人失踪、4 人重伤，直接经济损失 5.8 亿元。

2. 北京、上海、成都等城市暴雨内涝灾害

汛期，部分大中城市，如北京、上海、广州、成都、西安、南京等受暴雨和雷雨大风等强对流天气影响，出现内涝和风雹灾害，造成人员伤亡、财产损失和交通瘫痪。7 月 10 日，北京城区突降暴雨，其中丰台 1 小时最大降水量达 52 毫米，10 分钟最大降水量达 23 毫米，24 小时降水量丰台、天安门、天坛均超过 90 毫米，天坛最多达到 109 毫米，造成部分路段积水严重，城区交通严重瘫痪。7 月 12 日晚，狂风暴雨突袭上海市，不到 1 个小时，降水量达到 30 毫米，最大风力达到 9～11 级，造成 7 人死亡、数人受伤。6 月 27～30 日，成都市发生 2004 年范围最大、强度最强的降雨天气过程，导致市区暴雨成灾，成都火车站曾一度"瘫痪"，近 20 趟列车和数万名游客因雨受阻，市内 30 余条街道部分地段、4 座立交桥下、2 条隧道积水或被淹。

3. 河南、湖北、湖南、广西等地盛夏暴雨洪涝灾害

7 月 14～21 日，黄淮至华南西部一带出现入汛以来最强的一次暴雨天气过程。过程降水量普遍有 100～200 毫米，河南、湖北、湖南、广西的局部地区达 200～400 毫米。其中，16 日河南方城日降水量 392 毫米、舞阳 359 毫米、社旗 323 毫米、鄢陵 280 毫米、安徽砀山 202 毫米；17 日湖北潜江 216 毫米；18 日广西都安 253 毫米；20 日广西防城 304 毫米。降水相对集中、强度大、范围广，导致全国有 10 多个省（自治区、直辖市）4000 多万人受到影响、95 人死亡；农作物受灾面积 240 多万公顷，绝收面积 30 多万公顷；直接经济损失近 90 亿元。其中，7月15～17日，河南有31个站次降暴雨，21个站过程降水量在200毫米以上，8个站在300毫米以上，方城最多为406毫米。致使淮河上游沙颍河、洪汝河发生洪水，沙颍河支流澧河和甘江河、洪汝河支流小洪河超过保证水位，澧河舞阳罗湾段以上全线漫溢，泥河洼和老王坡分洪区相继开闸泄洪。全省农作物受灾面积42万公顷，成灾面积26万公顷，绝收面积4万公顷；受灾人口547万，成灾人口368万，水围村庄140个；紧急转移安置15万人，倒塌房屋1万多间，损坏房屋2万多间，直接经济损失约16亿元。7月18～21日，广西有78站次降暴雨，防城7月20日雨量达364毫米，打破建站以来历史最高纪录，宾阳7月19日雨量达252毫米，打破建站以来7月份历史最高纪录。全区有65个县（市、区）不同程度受灾，受灾人口600多万，倒塌房屋14 906间，损坏房屋5.6万多间；农作物受灾面积36.56万公顷，成灾16.33万公顷，绝收3.26万公顷；死亡32人；直接经济损失超过17亿元。

此外，8月上旬湖北有10多个县（市、区）遭受暴雨袭击，其中4日襄樊（125.8毫米）、宜城（104毫米）等地降了大暴雨，造成373万人受灾，8人死亡，31万公顷农作物受灾。

4. 川东、重庆等地初秋严重暴雨洪涝灾害

9月3～6日，四川东部、重庆等地出现了范围广、强度大、持续时间较长的区域性暴雨、大暴雨天气过程。这是四川省东北部地区有气象记录以来最强的一次，也是重庆市自1982年以来最强的一次区域性降水过程。过程降水量一般为50～100毫米，四川盆地东北部达100～200毫米。其中，四川达州大部地区、巴中、广安和南充的部分地区及重庆开县一带降水超过200毫米。四川宣汉（431.7毫米）、达州（363.2毫米）、开江（349.9毫米）、平昌（303.2毫米）等部分站点过程雨量超历史极值。与常年同期相比，四川东部、重庆大部降水偏多2～4倍，其中达州、彭水、开县等地偏多6倍左右。由于暴雨集中、降雨强度大，江河水位陡涨，部分市（县）城区进水、受淹，局部地区还发生了严重的滑坡、泥石流等次生地质灾害。两省（直辖市）共有67个县（区）、1000多万人受灾，187人死亡，23人失踪，1万多人受伤，倒塌房屋13万间，农作物受灾40多万公顷，绝收十多万公顷，农业、交通、通信、工业等基础设施毁坏严重，部分企业停产、学校停课。直接经济损失达98亿元。

9月7～10日，福建中南部沿海出现暴雨天气，其中平潭过程雨量达420.1毫米，24小时雨量达250.8毫米（破1951年以来9月最大降水量纪录），造成局部洪涝和山体滑坡等灾害，直接经济损失达5000多万元。

9月19～20日，重庆、湖北部分地区遭受暴雨袭击，其中湖北鹤峰、巴东12小时降水量分别达171毫米和102.8毫米，造成多处山体滑坡，直接经济损失1.15亿元。

5. 浙江深秋罕见暴雨灾害

11月9日，浙江台州、温州等地出现深秋罕见的大暴雨天气，其中温岭24小时雨量达253.1毫米，打破全省11月份历史最大日降雨量纪录，温岭麻车桥水文站24小时降雨量达400.5毫米，乐清清江达363毫米，雁荡为303毫米。局部地区因降雨强度过大，造成较重损失。初步统计，共有24个乡镇84万人受灾，农作物受灾2.8万公顷，1.2万多个工矿企业停产，直接经济损失达4亿多元。

6. 其他暴雨洪涝灾害

春季，黑龙江北部和东部地区降水天气频繁，降水量较常年同期偏多5成至2倍。特别是5月18～22日，全省出现强降雨天气，造成大兴安岭、黑河、牡丹江地区部分中小河流达到或超过警戒水位，其中绥芬河、盘古河、穆棱河、呼玛河、甘河的洪峰水位为历史同期第一位，科洛河、嫩江干流为历史同期第二位，仅次于1960年。全省土壤偏涝面积约占全省粮食作物播种面积的30%以上，是近十年来春涝程度最重的一年。

（六）2005年

1. 春末南方部分地区发生局地暴雨洪涝灾害

春末，我国南方地区降水频繁，部分地区发生暴雨洪涝灾害，造成较大人员伤亡和财产损失。4月底到5月7日，淮河秦岭以南大部地区一直维持阴雨天气，部分地区发生风雹、洪涝灾害。据统计，浙江、安徽、福建、江西、湖北、湖南、广东、广西、重庆、四川、贵州、云南、陕西13个省（自治区、直辖市）、211个县（市、区）的1156.5万人不同程度受灾，死亡52人，失踪9人，紧急转移安置7.5万人；倒塌房屋2.3万间，损坏房屋30.5万间；农作物受灾面积50.9万公顷，绝收面积5.4万公顷；因灾直接经济损失达16.9亿元。

2. 夏季西江、闽江、淮河流域及湖北、湖南、四川、辽宁等地发生严重暴雨洪涝灾害

6月，华南、江南部分地区出现强降水天气过程，西江流域出现严重洪涝灾害，黑龙江和湖南两省局地出现严重暴雨洪涝灾害。

5月30日至6月8日，西南地区东南部、江南西部、华南西部等地出现了强降雨天气，湖南、广西、广东大部地区过程降水量超过100毫米。强降水引起的暴雨洪涝、滑坡和泥石流灾害共造成江西、湖北、湖南、广东、广西、重庆、四川、贵州8省（自治区、直辖市）1554.9万人不同程度受灾，死亡140人，失踪69人，紧急转移安置45.3万人；倒塌房屋9.5万间，损坏房屋29.7万间；农作物受灾面积77.3万公顷，绝收面积9.8万公顷；因灾直接经济损失

达 42.9 亿元。湖南全省受灾人口 699 万，死亡 86 人，失踪 51 人，紧急转移安置 35.1 万人；倒塌房屋 7.9 万间，损坏房屋 22.6 万间；农作物受灾面积 34.8 万公顷，绝收面积 6.1 万公顷；因灾直接经济损失达 32.1 亿元。

6 月 10 日 13 时，黑龙江省宁安市沙兰镇西北上游急降 40 分钟暴雨，平均降雨量 120 毫米，最大降雨量达 200 毫米，形成了 200 年一遇的特大山洪，山洪袭击了下游的沙兰镇，致使沙兰中心小学 352 名学生和 31 名教师被洪水围困。此次灾害共造成沙兰镇 117 人死亡，其中 105 人为该镇中心小学学生。

6 月 17～25 日，受暖湿气流和弱冷空气的共同影响，华南大部、江南中南部出现了入夏以来最强的一次降水天气过程。广西东北部、广东大部、福建北部、浙江南部、江西中东部出现大范围的持续性暴雨和大暴雨天气。持续强降水天气造成珠江流域多个站点出现了 1951 年以来历史同期最多或次多过程降水量。广东、福建、广西 3 省（自治区）的平均降雨量分别是 1951 年以来同期的第一、第二和第三位。受此次强降水的影响，西江出现了 100 年一遇的特大洪水，闽江干流出现了超过 20 年一遇的大洪水。广西、广东、福建、浙江、江西、湖南等省（自治区）部分地区发生严重洪涝及滑坡、泥石流等灾害，京九、鹰厦铁路一度中断。据统计，上述 6 省（自治区）共有 2160 万人受灾，171 人死亡，66 人失踪，126 万公顷农作物受灾，直接经济损失超过 180 多亿元。

7 月上中旬，淮河流域、汉水流域及川、渝大部出现大范围降水，部分地区出现大到暴雨、局部大暴雨天气。据统计，强降水过程共造成四川、安徽、湖北、河南、陕西及重庆 6 省（直辖市）2700 多万人受灾，死亡 93 人，失踪 23 人，农作物受灾面积 481 万公顷，直接经济损失达 75.4 亿元。其中，四川、安徽受灾较重。

8 月 12～17 日，东北地区出现强降水天气，吉林大部、辽宁北部过程降水量一般有 50～100 毫米，局部地区在 100 毫米以上。强降水造成辽宁、吉林、黑龙江等地的部分地区发生严重暴雨洪涝及泥石流等灾害，辽河支流的浑河、太子河、柴河、清河等发生了 1995 年以来最大洪水。据统计，3 省共有 261 万人受灾，20 人死亡，35 人失踪；农作物受灾 38.7 万公顷，绝收 16.4 万公顷；直接经济损失达 56.7 亿元，其中辽宁省抚顺、本溪、铁岭等地损失严重。但大量的降水对于东北地区水资源的补充、生态恢复有利。

3. 渭河、汉江出现秋季暴雨洪涝，江西、湖南发生深秋少见的暴雨灾害

9 月 19～21 日，山东大部、山西中部、河北南部及河南北部等地出现大到暴雨、局地大暴雨天气过程，过程降水量一般有 50～100 毫米，山东局部达 100～150 毫米。短时间内强降水造成山东济南市区严重积水，给市民出行等带来不便；特别是济宁市微山湖区周边大量降雨涌入南四湖，湖水水位急剧上涨并超警戒水位，形成新中国成立以来最高水位，湖区遭受严重洪涝灾害。据统

计，全省有济宁、菏泽、济南、临沂 4 市的 20 个县（市）受灾，受灾人口 296 万人，因灾死亡 3 人，99 个村庄 4.2 万人被水围困，农作物受灾 70 万公顷，直接经济损失达 11.5 亿元。

9 月 24 日至 10 月 7 日，西北地区东南部、黄淮、华北南部，以及四川东部、重庆北部、湖北北部等地过程降雨量一般有 50～100 毫米，其中陕西中南部、山西南部、河南西部、四川东北部的部分地区降雨量达 100～200 毫米。由于大范围持续降雨，导致渭河发生 1981 年以来最大洪水，汉江发生 1983 年以来最大洪水，陕西、湖北、四川、甘肃等省部分地区遭受严重洪涝灾害。陕西省 52 个县（市、区）390 万人受灾，因灾死亡 14 人，失踪 4 人，紧急转移安置 30.3 万人；倒塌房屋 5.2 万间，损坏房屋 15.6 万间；农作物受灾面积 30.1 万公顷，绝收面积 7.3 万公顷；直接经济损失达 12.2 亿元。湖北省有 16 个县（市、区）139.7 万人受灾，紧急转移安置 13.6 万人；倒塌房屋 1.58 万间，损坏房屋 2.36 万间；农作物受灾面积 9.5 万公顷；直接经济损失达 12.3 亿元。

11 月 8～14 日，湖南东北部和中部、江西北部的部分地区出现强降水天气，过程降水量一般有 100～200 毫米。江西修水、波阳、井冈山、景德镇、南昌、贵溪，湖南岳阳、常德、沅江、平江、长沙、衡阳、常宁等地这一时段降水量超过历史同期极值，其中江西修水、井冈山和湖南平江过程降水量超过该月降水量历史极值。

降雨天气改善了土壤墒情，缓解了湖南、江西部分地区的旱情。但连续的暴雨天气造成修水、潦河水位急剧上涨，大段、抱子石等大中型水库开闸泄洪，部分地区出现洪涝灾情。据统计，江西省九江、宜春、抚州 3 市 49.8 万人受灾；倒塌房屋 1936 间；农作物受灾面积 1.7 万公顷；公路中断 13 条次，毁坏路基 33.7 千米，损坏输电线路 28.5 千米、通信线路 37.6 千米；损坏水利设施 417 座（处）、损坏堤防 55 处 8.2 千米；直接经济损失达 1.27 亿元。另外，南昌市区还出现了不同程度的城市内涝，造成交通堵塞，给市民的正常生活带来不便。

（七）2006 年

1.6 月上旬至中旬初江南、华南、西南地区东部出现持续强降雨过程

6 月 2～10 日，江南、华南、西南地区东部出现持续强降雨过程，累积降水量一般有 100～300 毫米，广东汕尾达 503.8 毫米。强降雨导致福建、广东、江西、广西、贵州、浙江、湖南等省（自治区）部分地区发生了较严重的洪涝灾害。农作物受灾 72 万公顷，因灾死亡 87 人，直接经济损失达 100 多亿元。闽江干流发生超 30 年一遇的洪水，建瓯市城区被淹，交通受阻，4681 名考生高考延期。

6 月 12 日 22 时至 13 日 2 时，贵州省望谟县 4 小时累积降水 196 毫米。短

时强降水引发山洪等灾害，造成30人死亡，24人失踪。

2.6月21日至7月5日淮河流域出现持续降水

6月21日至7月5日淮河流域持续降水，其区域平均降水量为近50多年来同期第三高值。其中6月28日至7月5日，淮河中下游地区累积降雨量普遍有200～400毫米，是常年同期降水量的3～5倍。强降水导致江苏、安徽两省农作物受灾86万公顷，直接经济损失达27亿元；河南境内陇海铁路一度中断。

3.7月26～29日山东半岛出现暴雨或大暴雨天气

7月26～29日，山东半岛出现暴雨或大暴雨天气，荣成、文登出现特大暴雨，24小时降水量超过7月份日降水量极值。这次罕见的强降雨，造成威海市20.3万人受灾，直接经济损失近7亿元。

4.10月5～13日云南中南部地区出现持续强降雨天气

10月5～13日，云南中南部地区出现持续强降雨天气，累积降水量有100～300毫米，是常年10月份降水量的2～3倍。由于雨量大、持续时间长，部分地区发生暴雨洪涝或山体滑坡、泥石流等灾害，全省受灾人口59.7万，因灾死亡39人。

(八) 2007年

1.6月6～9日西南地区东部、江南、华南出现较大范围的强降雨天气

6月6～9日，西南地区东部、江南、华南出现较大范围的强降雨天气，多个县（市）遭遇大暴雨袭击，过程降水量普遍有50～150毫米。广东、广西、贵州、湖南、江西、福建6省（自治区）遭受严重暴雨洪涝灾害，共造成1300多万人受灾，70多人死亡，40多万公顷农作物受灾，直接经济损失达40多亿元。

2.6月29日至7月26日淮河流域出现持续性强降水天气

6月29日至7月26日，淮河流域出现持续性强降水天气，总降水量一般有200～400毫米，其中河南南部、安徽中北部、江苏中西部有400～600毫米；降水量普遍比常年同期偏多5成至2倍，河南信阳偏多达3倍。淮河流域平均降水量465.6毫米，超过2003年和1991年同期，仅少于1954年，为历史同期第二多。由于降水强度大、持续时间长，淮河发生了新中国成立后仅次于1954年的全流域性大洪水，先后启用王家坝等10个行蓄（滞）洪区分洪。受暴雨洪水影响，安徽、江苏、河南等省共有2600多万人受灾，死亡30多人，紧急转移安置110多万人；农作物受灾面积200多万公顷，其中绝收面积60多万公顷；因灾直接经济损失达170多亿元。

3. 盛夏重庆、济南等多个大城市遭受罕见的暴雨灾害

盛夏，重庆、济南、乌鲁木齐、郑州、北京、上海等多个大城市遭受罕见的暴雨灾害，内涝严重，交通受阻，并造成重大人员伤亡和财产损失。7 月16~20 日，重庆西部出现强降水过程，其中 17 日沙坪坝降水量达 271 毫米，突破1892 年以来日降雨量极值；重庆全市有 37 个区（县）500 多万人受灾，因灾死亡 55 人，直接经济损失达 29.8 亿元。7 月 18 日，山东省出现强降水天气，山东省有 70 多个站出现暴雨或大暴雨，济南市区 1 小时最大降雨量达 151 毫米，为 1958 年以来历史最大值；突发的大暴雨造成济南市严重内涝，大部分路段交通瘫痪，山东省有 9 个市、25 个县（市、区）受灾，死亡 46 人（其中济南市有25 人死亡），直接经济损失超过 15 亿元。

4. 7 月 18~24 日云南部分地区遭受暴雨袭击

7 月 18~24 日，云南腾冲、大关、临沧、盈江、普洱、江城等县（市）遭受大雨、暴雨袭击，其中江城 19 日降水量 116.9 毫米。全省因强降雨引发的洪涝及滑坡、泥石流等灾害共造成 87.3 万人受灾，82 人死亡，直接经济损失达10.2 亿元。

5. 7 月 28~31 日河南、陕西、山西 3 省交界地区遭受暴雨袭击

7 月 28~31 日，河南、陕西、山西 3 省交界地区遭受暴雨袭击，其中河南卢氏 3.5 小时降水量达 53.3 毫米，山西沁源、阳城、安泽 24 小时降水量超过100 毫米。暴雨引发山洪、泥石流灾害，3 省因灾死亡 130 多人，失踪 40 多人，直接经济损失达 50 多亿元。

6. 9 月 26 日至 10 月 14 日西北中东部、华北中南部、黄淮北部等地出现持续雨（雪）天气

9 月 26 日至 10 月 14 日，西北中东部、华北中南部、黄淮北部等地出现持续雨（雪）天气，降水量一般有 50~200 毫米，比常年同期偏多 2~5 倍；降水日数普遍在 10 天以上，较常年同期偏多 5~14 天。甘肃、宁夏、陕西、山西、河北、山东 6 省（自治区）平均降水量仅少于 2003 年同期，为历史同期第二多；区域平均降水日数较常年同期偏多 9 天，为 1951 年以来历史同期最长秋雨，达100 年一遇。持续阴雨（雪）天气，造成上述部分地区农田过湿，使秋收秋种受到严重影响，山东、河北、山西、陕西、甘肃、青海等地农作物受灾面积 100多万公顷，绝收 30 多万公顷，直接经济损失达 90 多亿元。

（九）2008 年

1. 黄河发生近 60 年来最严重凌汛

3 月，黄河内蒙古段因气温回升迅速，开河速度明显加快。由于开河期河槽

蓄水量大、水位高，黄河内蒙古部分河段发生近60年来最为严重的凌汛灾害。

2. 初夏珠江流域和湘江上游发生严重洪涝灾害

5月26日至6月19日，南方连续4次出现大范围强降雨天气过程。广东、广西、福建、湖南、湖北、江西、浙江、安徽、贵州、云南10省（自治区）平均降水量282.2毫米，比常年同期偏多99.9毫米，为1951年以来历史同期最多。强降水覆盖范围广、持续时间长、降雨强度大，致使珠江流域和湘江上游发生较大洪水。上述10省（自治区）及重庆暴雨洪涝及其引发的山体滑坡、泥石流等灾害共造成3600多万人受灾，死亡177人；直接经济损失达296.6亿元。

3. 盛夏长江中上游和淮河流域出现强降水，局地暴雨成灾

7月20~24日，四川盆地、黄淮、江淮、江汉等地普降暴雨到大暴雨，降水量一般有100~180毫米，部分地区达200~240毫米。湖北、四川、江苏、山东、安徽、重庆部分地区发生了暴雨洪涝灾害，淮河流域出现超警戒水位的洪水。此次强降雨过程共造成820多万人受灾，死亡24人；直接经济损失达28.2亿元。

4. 上海遭受超百年一遇的暴雨袭击

8月25日，上海市出现入汛后最强暴雨天气，徐汇区1小时最大降水量117.5毫米，突破1872年有气象资料以来1小时最大降水量纪录，超百年一遇。短时强降水导致市区150多条马路严重积水，最深达1.5米，城市交通受到严重影响。

5. 9月四川地震灾区遭受暴雨及滑坡、泥石流袭击

9月22~27日，四川12个市、38个县（市）遭受暴雨袭击，其中9个县（市）降了大暴雨，彭山和新都日降水量均突破9月历史极值。由于降水持续时间长、强度大，山体滑坡和泥石流灾害频发。

6. 秋季，南方出现1951年以来最强秋雨

10月下旬至11月上旬，我国南方出现秋季罕见的持续强降水天气，影响范围广、持续时间长、强度大。10月21日至11月8日，南方（包括长江中下游、西南、华南）平均降水量为94.9毫米，比常年同期偏多1.6倍，为1951年以来最大值；平均降水日数有8.8天，较常年同期偏多3.0天，为历史同期第四多。受持续强降雨影响，南方多条河流发生罕见秋汛，广西郁江、西江干流，湖南洞庭湖水系沅水、资水及云南元江均发生了历史同期最大洪水，部分地区发生秋涝和滑坡、泥石流等地质灾害。其中，云南、广西人员伤亡较重。

（十）2009 年

1. 华北黄淮大范围暴雨

5月9～10日，华北南部和黄淮北部普降大到暴雨、局部大暴雨，其中山东北部出现区域性大暴雨；山东、河北、山西、河南局地日降水量创 5月历史新高，其中河北邢台日降水量 175.5 毫米，比当地 5月历史日降水量极大值多 123.5毫米。我国北方在 5月份出现如此范围大、强度强的暴雨天气极为罕见。强降雨缓解了北方大部冬麦区的旱情，但同时造成山东、河北等省农作物严重受灾。

2. 长江中下游 2009 年最强暴雨

6月28日至7月1日，长江中下游地区出现区域性大暴雨，过程降水量普遍有100～150毫米，部分地区达150～200毫米；湖北鹤峰过程降水量达384毫米，24 小时降水量达313.2毫米，突破当地日降水量历史纪录，为超百年一遇。这是长江中下游地区 2009 年范围最大、强度最强的一次暴雨天气过程，强降雨导致长江流域洞庭湖水系的部分河道及淮河支流的得河出现超警戒水位，上海、武汉等城市出现严重内涝，并造成较大人员伤亡和财产损失。

3. 长江中下游"倒黄梅"天气

6月1日至7月18日为常年梅雨集中时段，而 2009 年同期长江中下游地区平均降水量仅有249.1毫米，为1989年以来历史同期最少，属空梅年份。但是7月21日至8月14日，长江流域强降雨天气频繁，受其影响，长江上中游的主要支流先后发生洪水，长江上游干流发生超警戒水位洪水；江苏、安徽降水量和降水日数为1952年以来历史同期最多，江苏、安徽、江西局地日降水量打破7月历史极值，长江中下游出现"倒黄梅"天气，强降水导致太湖水位持续上涨，太湖及周边河网地区水位长时间居高不下；四川、重庆、湖南、浙江等地也遭受暴雨洪涝灾害，并引发山洪、滑坡和泥石流等次生灾害。

4. 四川地震灾区局地暴雨

7月14～17日，四川成都、德阳、绵阳、广元和阿坝州部分地区遭受暴雨袭击，青川（203.7毫米）、北川（182.0毫米）、剑阁（166.2毫米）等8县（市）降大暴雨，其中青川连续 3天出现大暴雨。强降雨造成青川县通信、交通一度中断；北川老县城发生泥石流，交通受阻；平武县发生大面积山体垮塌和泥石流；宝成线广元至绵阳区段多趟列车运营受到不同程度的影响。

5. 四川米易特大暴雨引发山洪泥石流

7月26～27日，四川宜宾、甘孜、阿坝、攀枝花、凉山、泸州等地遭受暴雨袭击。其中，米易县遭受了有气象记录以来的最强降雨袭击，12 小时内降雨量达 177 毫米（其中 26 日 2 时至 27 日 04 时降雨量达 166.7 毫米），强降雨引发山洪和泥石流，导致 24 人死亡、4 人失踪、4 人受伤，农作物、基础设施和房屋受损严重，直接经济损失超 2 亿元。

（十一）2010 年

1. 江南早汛

1 月 1 日至 3 月 16 日，江淮、江南降水过程频繁，江苏、安徽、江西、浙江、福建 5 省平均降水量达 313 毫米，较常年同期偏多 61%，为 1961 年以来历史同期次多；平均降水日数为 36 天，较常年同期偏多 5 天。受连续集中降水的影响，江西、浙江等地 3 月初出现历史罕见早汛。江西昌江、乐安河水位全面超警戒，新安江等多个水库创历史同期最高水位，并引发多处山洪地质灾害。

2. 南方汛情

5~7 月，南方共出现 14 次强降雨天气过程，强降水主要集中在江西、湖南、广东、福建、广西、浙江、安徽等地，部分地区累计降雨量达 800~1200 毫米，福建武夷山高达 1481.5 毫米。汛前降水偏多和入汛后频繁的强降水过程，使得江河湖库水位居高不下超警戒，长江上游干流、赣江、信江、抚河、渠江发生洪水，经济损失和人员伤亡较重。

3. 北方暴雨洪涝

7 月中旬至 9 月上旬，北方和西部地区遭受 10 轮暴雨袭击。黑吉辽京津冀晋甘陕鲁豫川滇 13 省（直辖市）区域平均降水量 329.8 毫米，较常年同期（255.1 毫米）偏多 29.3%，为 1961 年以来历史同期次多值，渭河、辽河、第二松花江等出现汛情。7 月 20~24 日，区域性大暴雨使辽宁、吉林部分地区严重受灾。过程降水量普遍达 200 毫米以上，其中辽宁铁岭、开原、新民、台安站降水量在 300 毫米以上，24 个气象观测站日降水量突破历史极值。强降水导致辽河干流出现超警戒水位洪水，部分城乡内涝严重。

4. 甘肃舟曲强降水引发特大山洪泥石流灾害

8 月 7 日 20~24 时，甘肃省甘南藏族自治州出现局地短时强降水。此次降雨过程局地性强、短时强度大、突发性强。由于舟曲县城位于两山之间的峡谷地带，植被覆盖率低、地表土壤裸露，前期重度气象干旱导致土质疏松、汶川地震导致舟曲县城周边山体松动、岩层破碎、地表松散物大量堆积，局地短时强降水引发舟曲县发生特大山洪泥石流灾害，造成 1700 多人死亡（含失踪）。

5. 云贵川等地汛期强降水引发泥石流、滑坡灾害

6 月 27 日 21 时至 28 日 20 时，贵州省关岭县岗乌镇降水量达 260.4 毫米。

前期干旱和强降水引发岗乌镇重大山体滑坡，造成 42 人死亡，57 人失踪。7 月
13 日，强降水引发云南省巧家县小河镇发生特大山洪、泥石流灾害，造成 19 人
死亡，26 人失踪。8 月 12～23 日，四川省多次出现区域性暴雨天气过程，导致
汶川、映秀、汉源等地震灾区发生严重泥石流、滑坡等地质灾害。

6. 海南历史罕见强降水

10 月 1～19 日，海南平均降水量达 1060.1 毫米，平均暴雨日数为 6.6 天，
均是常年同期的 5 倍以上，且均为历史同期最多。全省有 3 个气象观测站日降
水量突破历史极值，7 个站连续降水量突破历史极值。强降水导致部分江河水库
水位超过警戒水位，多个县市出现严重内涝，公路交通一度中断，旅游业受到
严重影响；海口、三亚、万宁、琼海等地中小学停课。

三 热带气旋

(一) 2000 年

0010 号台风"碧利斯"。为 2000 年登陆台风中影响较大的一个，先后于 8
月 2 日晚和 23 日上午在台湾省台东县和福建省晋江县沿海登陆，登陆时中心附
近最大风力都达到 12 级。福建大部、广东东部及江南部分地区降了大到暴雨，
局部降了大暴雨；福建省沿海潮位比正常潮位高 1～1.5 米，沿海诸江水位超警
戒水位或危险水位，造成洪水泛滥，山体滑坡。据福建、浙江、广东、江西 4
省不完全统计，共有 106 个县市、1126 个乡镇受灾，死亡 62 人，紧急转移安置
66.9 万人，倒塌房屋 13.9 万间，损坏房屋 38.48 万间，农作物受灾面积 29.35
万公顷，毁坏水利设施 7000 余处，停产厂矿企业 3357 家，公路中断 80 多条
次，毁坏路基、路面 80 多千米，毁坏输电、通信线路 300 多千米，直接经济损
失达 46.26 亿元。

(二) 2001 年

1. 0102 号台风"飞燕"

6 月 23 日晚在福建省福清市登陆的第 0102 号台风是 2001 年第一个登陆的
台风，登陆时中心附近最大风力有 12 级，受这个台风影响，23～25 日东南沿海
部分地区先后出现了 8～11 级大风，福建沿海、浙江北部和东部沿海、江苏南
部及上海市普降大到暴雨，局部降了大暴雨或特大暴雨，其中江苏海门 24 小时
降雨量 202 毫米、吕泗 227 毫米。台风带来的降雨对缓解部分地区缺水现象及水
库蓄水等十分有利，但由于台风强度强，登陆时又恰逢天文大潮，所以也给部
分地区造成了较重损失，其中福建损失最重，全省有 22 个县市、246 个乡镇、

520 万人受灾，死亡 122 人，农作物受灾面积 180 万亩，毁坏、沉没渔船 7180 多只，电力通信、水产养殖、蔬菜基地及沿海防护林等不同程度受灾，损坏房屋 32 万间；全省直接经济损失达 45 亿多元，其中农业和水产养殖损失为 31 亿多元。

2. 0103 号台风"榴莲"、0104 号台风"尤特"

7 月 2 日凌晨 0103 号台风（榴莲）在广东湛江市沿海地区登陆；短短 4 天之后，6 日凌晨 0104 号台风（尤特）又在广东省惠东和海丰交界处登陆。这两个台风登陆时中心附近最大风力分别达 12 级和 11 级，华南南部及福建、湖南的部分地区先后出现了暴雨和大暴雨，局部地区还出现了特大暴雨；由于这两个台风间隔时间短、登陆地点相近，所以给广东、广西等地造成严重灾害。0103 号台风生命较短，从生成到登陆不到 48 小时，但风大雨强，广东西南部、广西沿海及海南北部的部分地区过程降雨量超过 200 毫米；3 日，广西南宁、钦州、北海雨量分别达 209.9 毫米、253.9 毫米、235.9 毫米。据不完全统计，广东、海南、广西及云南等省（自治区）共有 124 万人受灾，16 万多人无家可归，死亡 35 人，农作物受灾面积 1155 万亩，倒损房屋 13 万多间，公路、桥涵及各类水利设施不同程度地被毁坏，直接经济损失达 65 亿多元。广西降雨和大风范围之大、强度之强为近 30 多年来所罕见，强降雨造成左江、右江、邕江洪水暴涨，百色市遭遇了百年不遇的洪涝；桂南、桂西等地受灾严重，直接经济损失达 21 亿多元。3 号台风造成的影响尚未结束，4 号台风接踵而至，使部分灾区雪上加霜。两个台风造成的洪水叠加，致使广西左江、右江、邕江、郁江、浔江等江河水位再次暴涨，洪水泛滥。7 月 8 日邕江南宁市大坑口出现 77.42 米的最高水位，超警戒水位 5.42 米，是新中国成立以来发生的最大洪水，也是 1907 年南宁有实测水文资料以来仅次于 1913 年的第二次大洪水；贵港市出现了有水文记录以来最大的洪水。广东广州市区不少低洼地方出现珠江水倒灌内涝现象，最大水深达 0.5 米以上，汕头市区也大面积浸水，最大水深达 1.2 米。据广东、广西、湖南、福建等省（自治区）不完全统计，受灾人口达 2200 多万，无家可归的有 17 万人，死亡 29 人，农作物受灾面积 1005 万亩，水稻、玉米、大豆、甘蔗等减产达 23 亿千克，倒房 6.7 万间，损坏房屋 47.9 万间，毁坏公路路面 1900 多千米、桥涵 270 多座、各类水利设施 8000 多处；直接经济损失达 169 亿多元。

（三）2002 年

1. 0212 号强热带风暴"北冕"

8 月 5 日登陆广东陆丰，登陆时中心最大风力达 11 级，影响广东、广西、湖南、江西、福建等省（自治区），受灾农作物 50 万公顷，死亡 114 人，倒塌房屋 6.8 万间，直接经济损失达 57 亿元。

2. 0214 号强热带风暴"黄蜂"

8 月 19 日登陆广东吴川，登陆时中心最大风力达 11 级，影响广东、广西、海南、湖南、贵州等省（自治区），受灾农作物 44 万公顷、死亡 33 人、倒塌房屋 2.8 万间，直接经济损失达 29 亿元。

3. 0216 号台风"森拉克"

9 月 7 日登陆浙江苍南，登陆时中心最大风力达 12 级，影响浙江、福建、台湾等地区，受灾农作物 32 万公顷，死亡 29 人，倒塌房屋 5.8 万间，直接经济损失达 81 亿元。

（四）2003 年

1. 0307 号台风"伊布都"

7 月 24 日登陆广东阳西至电白，登陆时中心最大风力达 12 级，影响广东、广西、海南等省（自治区），受灾农作物 52 万公顷，死亡 28 人，倒塌房屋 2.9 万间，直接经济损失达 33 亿元。

2. 0312 台风"科罗旺"

8 月 25 日先后登陆海南文昌、广东徐闻，登陆时中心最大风力达 12 级，影响海南、广东、广西等省（自治区），受灾农作物 39.6 万公顷，死亡 3 人，倒塌房屋 1.9 万间，直接经济损失达 31.8 亿元。

3. 0313 号台风"杜鹃"

9 月 2 日先后登陆广东惠东、深圳、中山，登陆时中心最大风力达 12 级，严重影响广东省，受灾农作物 26 万公顷，死亡 44 人，倒塌房屋 0.78 万间，直接经济损失达 24.9 亿元。

（五）2004 年

1. 0414 号台风"云娜"

2004 年第 14 号台风"云娜"（RANANIM）于 8 月 8 日晚在菲律宾吕宋岛以东洋面上生成，生成后向偏北和西北方向移动，强度不断加强。8 月 12 日 20 时在浙江省温岭市石塘镇登陆，登陆时中心气压 95 000 帕，中心附近最大风速达 45 米/秒（风力超过 12 级）。登陆后，台风以每小时 20 千米左右的速度向西北偏西方向移动，穿过浙江中部后进入江西境内，在江西北部共逗留 22 小时，于 14 日上午移入湖南东北部、湖北东南部地区逐渐减弱成低气压后消失。

台风"云娜"是继 1956 年"8·1"台风之后近 48 年中登陆浙江最强的台风，也是 1996 年第 15 号台风之后近 8 年中登陆我国大陆最强的台风。受其影响，浙江、福建、江西、安徽、湖北、河南、湖南等省出现了大到暴雨，部分地区出现了大暴雨或特大暴雨。其中，浙江全省有 70 个测站 8 月 11 日早 8 时至 13 日晚 8 时的过程降雨量超过 100 毫米，34 个测站超过 200 毫米，17 个测站超过 300 毫米，以黄岩的沙埠雨量最大为 448 毫米，其次为温岭的坞根 435 毫米，仙居的朱溪 430 毫米；水文站最大过程降雨量出现在浙江省乐清砩头，达 874 毫米。河南省信阳市商城县 8 月 14 日 05 时至 15 日 05 时 24 小时降水量达 280.0 毫米，超过该站历年日降雨量极值（1987 年 7 月 6 日 230.0 毫米）。浙江和福建北部沿海海面出现了 12 级以上的大风，浙江东部沿海地区出现了 9～12 级大风，浙江内陆地区、上海东部沿海地区、福建北部沿海地区的风力一般为 8～10 级。台风登陆时适逢天文大潮起潮期，浙江台州的海门、健跳潮位超警戒潮位，其中海门潮位达 7.42 米，接近历史最高潮位。

据不完全统计，受 0414 号台风"云娜"影响，浙江、福建、上海、江苏、江西、安徽、湖北、河南、湖南等省（直辖市）共有 1849 万人受灾，死亡 169 人，伤病 2000 多人，失踪 25 人，农作物受灾面积 75 万多公顷，倒塌房屋 7 万多间，损坏房屋 21 万多间，直接经济损失达 202 亿元。其中，浙江省损失最为严重。全省 75 个县（市、区）受灾，受灾人口 1299 万，44.4 万人一度被洪水围困，紧急转移安置人口 46.8 万，死亡 164 人，失踪 24 人，受伤 1800 多人（其中重伤 185 人）；倒塌房屋 6.43 万间，损坏房屋 18.4 万间，黄岩、椒江、温岭、玉环 4 个县（市、区）城区受淹；农作物受灾面积 39.19 万公顷，成灾面积 18.97 万公顷，绝收面积 6.9 万公顷；死亡牲畜 5.5 万头，损失水产养殖面积 4.4 万公顷，损失水产品 16 万吨；公路中断 579 条，毁坏公路路基 1163 千米；损坏输电线路 3342 千米、通信线路 1522 千米；损坏堤防 4059 处，长 563 千米，堤防决口 1222 处 88 千米，损坏水闸 206 座，损坏灌溉设施 3148 处，75 座小型水库局部受损，损坏水文测站 99 个；直接经济损失达 181.28 亿元。

2.0418 号台风"艾利"

2004 年第 18 号台风"艾利"（AERE）于 8 月 20 日上午在菲律宾以东洋面上生成，生成后向西北方向移动，强度不断加强。8 月 25 日 16 时 30 分左右，在福建省福清市高山镇沿海登陆，登陆时中心附近最大风力有 12 级（风速 35 米/秒），中心气压 97 000 帕。登陆后沿海岸线转向西南移动，强度逐渐减弱。26 日下午在广东省饶平县境内减弱为热带低气压。

受其影响，浙江中南部、福建、广东东部沿海出现 7～10 级大风，台风中心经过的附近海面或地区的风力达 11～12 级。福建大部、浙江大部、广东东部出现大到暴雨，局部出现了大暴雨或特大暴雨，其中福建柘荣最大过程雨量达

531 毫米，最大日降雨量达 289.3 毫米。

由于台风风力强、暴雨强度大，福建、浙江两省部分地区遭受了较重损失。其中，福建省宁德市有 4 个县（市）城区被淹，福安市区水深达 2～3 米；福州国际机场被迫关闭；福州至福安部分公路被淹。全省有 6 市 48 县（市、区）347.99 万人受灾，死亡 2 人，伤 3 人，紧急转移群众 93.7 万人；倒塌房屋 1 万余间，损坏和受淹房屋 4 万多间；农作物受灾面积 7.49 万公顷，成灾 3.79 万公顷；损坏水库 7 座，损坏堤防 236 处 45 千米，堤防决口 50 处 2 千米，损坏灌溉设施 1579 处，直接经济损失达 24.85 亿元。浙江省部分地区发生了暴雨洪涝和滑坡、泥石流灾害。全省共有 191.14 万人受灾，紧急转移安置 38.35 万人；农作物受灾面积 5.3 万公顷，绝收面积 6660 公顷，倒塌房屋 800 余间，损坏房屋8500 余间，直接经济损失达 7.46 亿元。

（六）2005 年

1. 0509 号台风"麦莎"

7 月 31 日在菲律宾以东洋面上生成，8 月 6 日 3 时 40 分在浙江省玉环县沿海登陆，登陆时中心气压为 95 000 帕，近中心最大风速达 45 米/秒（风力超过12 级），9 日 7 时 10 分在辽宁省大连市沿海再次登陆，登陆时已减弱成低气压（近中心最大风力只有 6 级）。

受其影响，我国东部沿海出现了 10～12 级大风；台湾、浙江、上海、江苏、安徽、山东、天津、河北、辽宁等省（直辖市）出现大到暴雨，部分地区出现大暴雨或特大暴雨；沿海出现风暴潮，其中黄浦江沿线潮位全面超过警戒线，米市渡潮位达 4.38 米，超过 4.27 米的历史最高潮位。受台风、暴雨和风暴潮共同影响，浙江省有 4.13 万艘海上船只紧急回港避风，杭州萧山机场被迫关闭；上海浦东、虹桥两大机场全部停飞；江苏省河库水位猛涨，部分城市街道积水 50～60 厘米，农田积水严重；辽宁省大连市周水子机场两度关闭。"麦莎"是本年造成受灾面积最大、经济损失最重的一个台风。据统计，浙江、上海、江苏、安徽、山东、河北、天津、辽宁、福建等省（直辖市）共有 2316.9 万人受灾，紧急转移安置 230.5 万人，死亡 29 人，受伤 303 人；农作物受灾面积153.33 万公顷，绝收面积 13.99 万公顷；倒塌房屋 7.3 万间，损坏房屋 19.1 万间；直接经济损失达 180.4 亿元。不过，台风"麦莎"对增加部分地区水库蓄水和缓解持久的旱情十分有利。例如，山东省烟台市大中型水库蓄水总量达到4.92 亿立方米，比台风到来前增加蓄水 7150 万立方米，为经济社会发展提供了有力的水资源保障，也极大地缓解了困扰该市的持久旱情。

另外，受麦莎的影响，台湾省农作物受害面积 114 公顷，经济损失约 448 万元新台币。

2. 0513 号台风"泰利"

8月27日在菲律宾以东洋面上生成,发展最旺盛时中心气压为91 000帕,近中心最大风速达65米/秒,是本年度西北太平洋中最强的两个台风之一。9月1日6时在台湾省花莲市沿海登陆,登陆时中心气压93 000帕,近中心最大风速达50米/秒(风力超过12级),当日14时30分在福建省莆田市沿海再次登陆,登陆时中心气压97 000帕,近中心最大风速为35米/秒(风力12级),9月2日在江西境内减弱成为热带低气压。受其影响,台湾省和福建沿海、浙江沿海、长江口等地出现8~11级大风,台风中心经过的附近海面或地区的风力在12级以上;台湾、福建、浙江、江西、湖北、湖南、安徽、河南、广东、江苏等省出现大到暴雨,部分地区出现大暴雨或特大暴雨。受台风及天文潮影响,浙江鳌江、瓯江、椒江、杭嘉湖和苏锡常地区,以及福建交溪等发生超过警戒水位或保证水位的洪水。福建省福州市长乐国际机场、泉州市晋江机场部分航班被迫取消或延误,同三高速公路、京福高速公路部分关闭运营,福州全市停课,新学期开学日期推迟,全省35 000~500 000伏线路跳闸41次,10 000伏以下线路受影响140次;安徽省岳西县21个乡镇受灾,国道、省道全部中断,城关地区2/3以上被淹;江西省20个县(市、区)受灾,有4个县城进水。据统计,福建、浙江、安徽、江西、湖北、河南、江苏、广东等省共有1626.8万人受灾,紧急转移安置192.7万人,死亡148人,受伤887人,失踪31人;农作物受灾面积100.75万公顷,绝收面积28.44万公顷;倒塌房屋13.9万间,损坏房屋29.2万间;损坏塘坝、堤防、护岸、水闸、水文测站、机电泵站、小水电站等水利工程设施5000多处(座);死亡牲畜6.8万头(只);直接经济损失达153.6亿元。另外,受台风"泰利"的影响,台湾省共有7人死亡,200人受伤,其受伤人数之多,至少是近5年风灾之最。

3. 0515 号台风"卡努"

9月7日在菲律宾以东洋面上生成,11日14时50分在浙江省台州市路桥区沿海登陆,登陆时中心气压94 500帕,近中心最大风速达50米/秒(风力超过12级),13日在黄海海面减弱为低气压。这是2005年在中国大陆登陆最强的一个台风,强于本年的"麦莎"台风和2004年的"云娜"台风,也是1949年以来在浙江省登陆的第二个最强的台风(仅次于1956年"8·1"登陆台风)。

受其影响,福建、浙江、上海、江苏、安徽等地出现7~9级大风,部分地区风力达10~11级,局地达12级以上;浙江、上海、江苏、安徽、山东等省(直辖市)降了大到暴雨,部分地区降了大暴雨或特大暴雨。由于台风风势强、雨量大,加之前不久台风"麦莎"刚过,土壤含水量高,无法吸纳更多的雨水,浙江省许多村庄发生内涝,多处发生山洪和泥石流灾害,大批房屋倒塌;上海全市中小学和幼儿园停课，浦东、虹桥两大机场 400 多个航班延误。据统计，浙江、江苏、上海、安徽、福建等省（直辖市）共有 794.7 万人受灾，紧急转移安置 135.3 万人，死亡 25 人，受伤 28 人，失踪 9 人；农作物受灾面积 71.98 万公顷，绝收面积 4.583 万公顷；倒塌房屋 3 万间，损坏房屋 4.9 万间；直接经济损失达 141.1 亿元。

（七）2006 年

1. 0601 号台风"珍珠"

0601 号台风"珍珠"于 5 月 18 日在广东饶平至澄海一带沿海地区登陆，登陆时中心最大风力达 12 级，登陆时间比常年初台登陆时间提早了 40 余天，是 1949 年以来登陆广东省最早的台风，也是 1949 年以来 5 月份登陆我国最强的台风之一，影响范围包括广东、福建、浙江、江西等省。其中，广东省受灾人口 780.40 万，受灾农作物 15.96 万公顷，死亡 4 人，倒塌房屋 0.57 万间，直接经济损失达 44.60 亿元；福建省受灾人口 315.50 万，受灾农作物 15.41 万公顷，死亡 32 人，倒塌房屋 0.96 万间，直接经济损失达 38 亿元。

2. 0604 号强热带风暴"碧利斯"

0604 号强热带风暴"碧利斯"于 7 月 14 日在福建霞浦登陆，并与西南季风相互作用，带来大范围持续性强降水天气，强降雨范围之广、持续时间之长，在历史上极为少见。受其影响，7 月 13~18 日，江南南部、华南普遍出现暴雨和大暴雨，累积雨量达 100~400 毫米。并造成 843 人死亡，为近十年来造成死亡人数最多的一个热带气旋。

3. 0608 号超强台风"桑美"

0608 号超强台风"桑美"于 8 月 10 日登陆浙江苍南，登陆时中心附近最大风速达 60 米/秒，中心气压为 92 000 帕，是 1949 年以来登陆中国大陆最强的一个台风，造成 483 人死亡。

（八）2007 年

1. 0709 号台风"圣帕"

0709 号台风"圣帕"于 8 月 18 日在台湾花莲登陆，登陆时中心附近最大风力达 15 级（最大风速 50 米/秒），中心气压 93 000 帕，19 日在福建惠安再次登陆，登陆时中心附近最大风力达 12 级（最大风速 33 米/秒），中心气压 97 500 帕。"圣帕"是 2007 年造成灾害最严重的一个热带气旋。据统计，福建、浙江、江西、湖南、广东、湖北、广西 7 省（自治区）共有 1334 万人受灾，因灾死亡 63 人，紧急转移安置 204.5 万人；农作物受灾面积 54.9 万公顷；直接经济损失达 86.5 亿元，其中湖南损失最重。

2.0713 号台风"韦帕"

0713 号台风"韦帕"于 9 月 19 日在浙江苍南登陆，登陆时近中心最大风力达 14 级（最大风速 45 米/秒），中心气压 95 000 帕。据统计，浙江、福建、上海、江苏、安徽、山东 6 省（直辖市）共有 1364.2 万人受灾，因灾死亡 9 人，紧急转移安置 281.4 万人；农作物受灾面积 73.3 万公顷；直接经济损失达 83.4 亿元，其中浙江损失最重。

3.0716 号台风"罗莎"

0716 号台风"罗莎"于 10 月 6 日先后两次在台湾宜兰登陆，7 日在浙江苍南和福建福鼎交界处再次登陆。"罗莎"是 1949 年以来第 5 个在 10 月份登陆浙闽沿海的台风，也是在浙江省登陆时间最晚的台风。据统计，浙江、福建、安徽、江苏、上海 5 省（直辖市）共有 983.5 万人受灾；农作物受灾面积 53.4 万公顷；直接经济损失达 96.8 亿元，其中浙江损失最重。

（九）2008 年

1.0801 号强热带风暴"浣熊"

0801 号强热带风暴"浣熊"于 4 月 18 日在海南文昌登陆，其登陆时间比常年初台登陆时间提早了 2 个多月，比历史上初台最早登陆时间（1971 年 5 月 3 日）提前了 15 天，为 1949 年以来登陆我国最早的一个台风。

2.0808 号强台风"凤凰"

0808 号强台风"凤凰"于 7 月 28 日在台湾花莲和福建省福清市先后登陆，登陆福建时中心附近最大风速达 33 米/秒。"凤凰"登陆时强度强、风力大、降雨强度大、持续时间长、影响范围广。受其影响，福建、浙江、广东、江西、湖南、安徽、江苏、山东等省直接经济损失超过 70 亿元。

3.0814 号强台风"黑格比"

0814 号强台风"黑格比"于 9 月 24 日在广东电白登陆，登陆时中心附近最大风速 48 米/秒。"黑格比"具有强度强、移速快、范围广、破坏大等特点，是 2008 年登陆我国大陆地区强度最强、造成的损失最重的热带气旋。

（十）2009 年

1.0907 号热带风暴"天鹅"徘徊于华南沿海

0907 号热带风暴"天鹅"于 8 月 5 日在广东省台山市沿海登陆，然后折向西南，在广东省境内徘徊超过了 48 小时，于 7 日进入北部湾北部海面，并在北部湾南部海面转向偏东方向移动，围绕海南岛转了大半圈。"天鹅"具有生命史长、盘旋停滞、路径复杂曲折、强度弱、移速慢等特点，是有台风记录以来在广东省陆地滞留时间最长的热带风暴。

2.0908 号强台风"莫拉克"影响严重

0908 号强台风"莫拉克"是 2009 年对我国影响范围最广、造成损失最大的登陆台风。受其影响，福建东部、浙江大部、江苏中南部及安徽南部等地过程降水量普遍有 100～300 毫米，福建东北部和浙江东南部有 300～500 毫米，福建、浙江、安徽、江西部分站点过程降雨量超过 50 年一遇。福建、浙江、江西、安徽、江苏、上海 6 省（直辖市）因灾死亡 9 人，直接经济损失达 126.9 亿元。台湾阿里山过程降水量为 3139 毫米，且连续 2 天日降水量超过 1000 毫米，强降水导致台湾南部地区发生 50 年来最严重的水灾，造成重大人员伤亡和财产损失。

3.0917 号热带风暴"芭玛"路径诡异

0917 号热带风暴"芭玛"于 9 月 29 日生成，10 月 14 日停止编号，历时 16 天。期间，4 次登陆（2 次在菲律宾吕宋岛登陆，1 次在我国海南省万宁市北部沿海登陆，1 次在越南北部沿海登陆），且强度多变。"芭玛"具有生命史长、路径诡异、强度变化大、登陆频繁等特点，对我国造成的损失较轻，但给菲律宾造成了重大人员伤亡，损失 110.7 亿元。

（十一）2010 年

1.1003 号台风"灿都"近海加强快、强度维持时间长、造成灾情重

1003 号台风"灿都"于 7 月 22 日在广东省吴川市沿海登陆，登陆时中心附近最大风力达 12 级（最大风速 35 米/秒）。"灿都"具有在近海快速加强、强度维持时间较长的特点。"灿都"进入南海西北部海面后强度迅速加强，"热带风暴—强热带风暴—台风"的发展过程仅历时 16 个小时。登陆后以台风强度维持了 5 个小时，在广西境内以热带风暴以上强度维持了 21 个小时。台风"灿都"给广东、广西造成了严重影响，共计造成 642.5 万人受灾，因灾死亡（失踪）5 人，直接经济损失达 62.3 亿元。

2.1011 号台风"凡亚比"重创广东

1011 号台风"凡亚比"于 9 月 19 日在台湾花莲县沿海登陆，登陆时最大风力 15 级（最大风速 50 米/秒）；20 日在福建漳浦县沿海再次登陆，登陆时最大风力 12 级（最大风速 35 米/秒），为中国近 10 年来登陆时最大风速≥50 米/秒的 7 个强台风之一，是 2010 年登陆中国最强的台风。广东普降暴雨到大暴雨，局部降了特大暴雨。"凡亚比"导致广东、福建和广西 222.5 万人受灾，135 人死亡（失踪），直接经济损失达 60.9 亿元。

3.2010 年最强台风"鲇鱼"

1013 号超强台风"鲇鱼"于 10 月 18 日在菲律宾吕宋岛东北部沿海登陆，登陆时中心附近最大风力达到 17 级以上（最大风速 68 米/秒）；23 日在福建漳浦县登陆，登陆时中心附近最大风力 13 级（最大风速 38 米/秒）。"鲇鱼"是近 20 年来西北太平洋和南海出现的最强台风，同时也是 2010 年全球范围内生成的最强台风，并且是登陆福建最晚的台风。"鲇鱼"造成福建 64 万人受灾，直接经济损失达 26.1 亿元。

四 低温冻害和雪灾

（一）2000 年

1.初冬低温冻害

初冬，受强冷空气影响，全国大部地区出现了一次强降温天气。西北、东北、华北大部日平均气温下降了 8～14℃，局部地区下降了 16～20℃；黄淮、江淮、江南下降了 11～15℃，华南、西南大部下降了 6～12℃；长江以南大部极端最低气温降到 0℃以下，其中江南降到 −4～−8℃，西南大部、华南中北部降到 0～5℃，海南也降到 6～8℃。由于降温幅度大、低温时间长，华南、西南及江南部分地区发生较大范围低温冻害，广东、广西受灾最为严重。广东全省各地出现了大范围的冰冻和霜冻，且持续时间长、覆盖面广，造成了较大损失，全省农作物受灾面积近 79 万公顷，各类果树生长受到严重影响，冻死畜禽 123 万头（只），水产受灾面积 6.8 万公顷，农牧业直接经济损失达 108.5 亿元。

2.西南地区冰冻

隆冬，西南地区出现 1976 年冬季以来最严重的霜冻、冰冻天气过程。广西全区农作物受灾 140 万公顷，其中甘蔗受灾 3 万公顷，占全区甘蔗面积的 60% 以上，1999 年秋冬植蔗几乎全被冻坏，全区原料蔗产量减产 20 万吨以上；全区果树、蔬菜受灾面积分别为 46.3 万公顷和 28.7 万公顷；仅甘蔗、蔬菜 2 项经济损失就达 5 亿元；水产养殖业也受到较大损失。云南昆明世博园内最低气温降到 −9℃，室外植物 8 成受冻，许多耐寒植物被冻死；农田里的蔬菜、甘蔗、茶叶、橡胶、热带水果大面积冻死；全省因灾造成直接经济损失达 5 亿元。

（二）2001 年

1.内蒙古牧区雪灾

冬季，内蒙古中东部地区出现了 6 次较大范围的降雪过程，锡林郭勒盟以东牧区遭受了 1977 年以来最为严重的雪灾，草场积雪深度平均 30～50 厘米；而后，又连续不断地遭受大风、沙尘暴及低温等天气影响，加剧了雪灾危害，使牧业生产、牧民生活受到严重影响，受灾人口 250 多万人，受灾草牧场 3.5 亿亩，受灾牲畜 2132 万头（只），死亡牲畜 55 万多头（只）；部分地区供电、通信中断，公路雪阻严重。

2. 新疆牧区雪灾

冬季，北疆地区降水量普遍较常年同期偏多 5 成至 1 倍以上；自 2000 年 10 月到 2001 年 2 月，北疆地区连续出现 20 多场降雪，不少地方的积雪深度都在 50 厘米左右，部分山区达 1 米以上。一些地区发生雪灾。阿勒泰地区降雪日数达 60 多天，降雪量创历史第一位，出现了严重雪灾；伊犁、哈密、昌吉回族自治州和巴州等地的部分地区也遭受到雪灾的影响。由于雪量大、积雪厚、草场被覆盖、草料严重短缺，大量牲畜被冻饿致死，牧业损失严重，人民生活也受到很大影响。据不完全统计，雪灾造成新疆全区 92.4 万人受灾，13 人死亡，2.8 万人伤病，1700 多万头（只）牲畜受灾，死亡 10.8 万头（只），直接经济损失达 2 亿多元。

（三）2002 年

1. 4 月中旬至 5 月中旬，长江中下游、江淮等地出现低温阴雨天气

4 月中旬至 5 月中旬，长江中下游、江淮等地气温偏低 1～4℃，阴雨日数 20～30 天，造成农作物根系发育不良，小麦、油菜灌浆进程减缓，千粒重下降，病虫害发生严重，产量受到很大影响。

2. 8 月上旬中期至中旬，东北和西南及湖北、湖南等地出现低温阴雨天气

8 月上旬中期至中旬，东北大部地区出现 5～13 天平均气温为 15～21℃的低温天气，西南及湖北、湖南等地的部分地区出现 4～12 天平均气温为 16～22℃的低温阴雨天气，一季稻开花授粉、灌浆受到很大影响，空秕率增大，产量下降。

3. 冻害

受 4 月下旬中前期强冷空气影响，全国大部地区过程降温达 6～12℃，北方中北部及山东省中东部等地的大部地区最低气温降至 3～−5℃，部分地区遭受轻冻害。其中，山东省中东部地区有 43 个县（市、区）的果树、桑苗、烟叶、冬小麦、蔬菜等遭受较严重的冻害，受灾农作物面积达 51 万公顷，果品减产 10% 左右。

（四）2003 年

1. 低温阴雨和寡照天气

8 月中旬至 9 月上旬，华北南部、黄淮、江淮、汉水流域及四川东北部地区出现历史同期罕见的低温阴雨和寡照天气，雨日多在 15 天以上，其中黄淮、江淮及汉水流域超过 20 天，黄淮大部这一时段最大连续降雨日数为历史同期之最。由于黄淮和汉水流域是我国粮棉主要产区，这一时期又正值产量形成的关键时期，长时间的低温阴雨寡照对作物产量、品质造成不利影响，田间内涝和渍害普遍发生，病虫害流行，河南、安徽、湖北、江苏等地受灾较重。

9 月下旬后期至 10 月中旬前期，上述大部地区再次出现长时间的低温连阴雨天气，由于这些地区 8 月中旬以来多次出现低温连阴雨天气，降水偏多、气温偏低、光照严重不足，8 月中旬至 10 月中旬日照普遍偏少 100～150 小时，黄淮、江淮北部偏少达 150～300 小时，部分地区农田内涝和渍害较重，秋收秋播时间明显推迟。

2. 冻害

2002 年 12 月下旬至 2003 年 1 月上旬，受强冷空气频繁影响，我国大部地区出现持续降温和雨雪天气过程。黄河流域气温异常偏低，出现历史上少有的大范围封冻现象，江苏洪泽湖也出现大面积结冰现象。1 月 5～7 日，南方出现同期罕见的大范围雨雪天气，部分地区还出现了冻雨，广西、广东等地出现大面积霜冻或冰冻天气，对农业生产造成了较严重危害。其中，广西农作物受灾近 53 万公顷，农业经济损失达 20 多亿元。

（五）2004 年

1. 冬季西藏、青海等地出现局地雪灾

2004 年 1 月 23～25 日，西藏大部降小到中雪，局部降大雪或暴雪。藏西南地区降雪量普遍有 5～40 毫米，聂拉木达 46 毫米，最大积雪深度达 29 厘米。1 月 31 日至 2 月 3 日，青海海西蒙古族藏族自治州连降大雪，致使部分地区发生严重雪灾，受灾面积 275 万公顷，死亡各类牲畜 9 万多头（只）。

2 月 20～22 日，吉林、辽宁出现入冬后最强的一次雨雪天气过程，道路结冰，加之风力较大，给高速公路、机场及市内交通等造成很大影响。辽宁省大部地区 48 小时气温下降 8～12℃，受风雪天气影响，沈阳市出现大面积停电。但雨雪天气对增加水库蓄水、土壤增墒及净化空气十分有利。

2. 春季内蒙古、青海等地出现雪灾；甘肃、宁夏、青海遭受严重霜冻灾害

3 月 9～10 日和 27～29 日，内蒙古呼伦贝尔市 2 次遭受暴风雪袭击。牧区

普遍出现"白毛风"，随后发生严重白灾，并伴有大风、降温天气，气温下降12～16℃，平均风力 6～7 级，瞬间风力达 8～9 级，12 小时最大降雪量为 9.4 毫米，能见度局部降到不足 10 米，积雪平均深 30 厘米，后期部分地区积雪厚度达 60～80 厘米。牲畜不能正常出牧采食，接近早春羔羊成活率低，牲畜瘦弱现象普遍，仔弱畜死亡率高，牧业生产遭受较严重损失。据不完全统计，至少有 400 多万公顷草场、165 万头（只）牲畜、近 5000 户牧民受灾。

4 月底至 5 月初，青海东部部分地区出现中到大雪，局部地区积雪最厚达 50 厘米左右，黄南藏族自治州有 5 万多头（只）牲畜冻饿至死。

5 月 3～5 日，西北中部地区极端最低气温均降至 0℃以下，其中青海大部、甘肃河西走廊等地最低气温低于－6℃，青海大通、化隆、托勒、共和、贵南、同仁、河南等地极端最低气温突破历史同期最低值。异常低温使上述地区农作物和林木等发生大面积冻害。据甘肃、青海、宁夏不完全统计，农作物受灾面积达 120 多万公顷，直接经济损失达 14.6 亿多元，其中甘肃有 62 个县（市、区）遭灾，为近 50 年来受灾面积最大的一次，全省大部分地区的霜冻强度为 1981 年以来最强的一次。

5 月 14～16 日，内蒙古阿拉善盟、巴彦淖尔盟、鄂尔多斯市、包头市出现罕见的低温冷冻灾害。其中，鄂尔多斯市玉米、瓜果等遭受冻害，面积达 4.33 万公顷，直接经济损失达 1.16 亿元；包头市小麦、玉米、油葵受冻面积达 1.02 万公顷。5 月 16～17 日，甘肃武威、平凉和庆阳等市的部分地区再次出现霜冻，全省 62 个县（市、区）不同程度受灾，特别是河西地区棉花、制种玉米、大田蔬菜、果树遭受霜冻十分严重。全省受灾农作物面积达 98 万公顷，占农作物播种面积的 41.6%，重灾面积达 39 万公顷，需改种 28 万公顷，因霜灾造成的经济损失达 13.37 亿元。

3. 秋季东北、华北、西北及西藏的部分地区出现霜冻灾害或雪灾

10 月 1～3 日，受强冷空气影响，甘肃武威、金昌、酒泉和宁夏吴忠等地出现霜冻天气，最低气温普遍降到 0℃以下，部分地区在－5℃以下；地面最低温度达到－1.9～－12.7℃。此次霜冻对农作物，特别是大秋作物造成较为严重的灾害。甘肃、宁夏两省（自治区）农作物及蔬菜等受灾面积达 6 万多公顷，直接经济损失达 1 亿多元。

10 月 4～9 日，西藏山南地区错那县连降暴雪，过程降水总量达 102.5 毫米，打破历史同期最高纪录。其中，7 日降水量达 60 毫米，破 10 月份日降水量的历史最高纪录（1996 年 10 月 29 日降水量 49.5 毫米）；8 日降水量 32.6 毫米，积雪深度达 24 厘米。全县共损失粮食 34 万千克、饲草（料）23 万千克，死亡牲畜 260 多头（只）。

11 月 13～15 日，青海湟源县降暴雪，平均雪深 16 厘米，最深达 60 厘米

（历史最大雪深22厘米）。由于大雪封山，交通中断，气温骤降（县气象站最低气温－11.6℃），2个乡30个村草场被雪封，8万多头（只）牛羊被困，1.8万人受灾。

4. 岁末浙江、江西、湖南的部分地区遭受雪灾

12月下旬，中东部地区及北疆等地出现大范围雨雪天气，新疆北部、内蒙古中西部、山西中南部、河北中南部、河南大部、安徽、江苏北部、浙江、江西中部、湖南中部及贵州中东部出现大到暴雪。旬降水量，黄淮大部、江淮、江南、陕西中南部、河北西南部、四川东部、重庆、贵州东部、福建北部等地一般在10毫米以上，其中湖南中部、江西中部、福建北部、浙江大部达50～75毫米。

因降雪量大，浙江、江西、湖南、内蒙古等省（自治区）部分地区出现雪灾。其中，浙江、江西、湖南3省就有560多万人、20多万公顷农作物受灾，至少死亡15人，受伤120人，直接经济损失达11.9亿元。另外，降雪还使华中、华北、黄淮等地的交通和一些城市的航运受到不同程度的影响。

（六）2005年

1. 冬季雨雪频繁，南方部分地区遭受雪灾

从2004年12月下旬至2005年2月底，长江中下游及西南东部出现了持续低温阴雨雪天气过程，部分地区发生了雪灾，湖南、江西等地多次受灾，损失严重。

1月10～13日，西南地区东部、江南大部、华南北部等地出现了明显的雨雪天气，贵州东部、湖南、江西北部、浙江北部出现了大到暴雪，湖南、江西、湖北等地遭受雪灾。据统计，雪灾造成湖南160万人受灾，死亡1人；农作物受灾面积超过7万公顷，绝收近3万公顷；倒塌房屋5000多间，直接经济损失近7亿元；大雪还造成部分乡镇交通中断，电力供应受到影响。江西受灾人口近128万，农作物受灾面积10万公顷；倒塌房屋1000余间，直接经济损失达3.2亿元。湖北13万人受灾，农作物受灾面积1.8万公顷。

1～2月，西藏阿里、日喀则地区降雪频繁，其中部分地区出现中雪，高海拔边远地区降了大雪。1月21～24日，西藏日喀则地区14个县普降小雪，局部降了大到暴雪，南部地区的聂拉木县21～23日出现暴雪天气，累计降雪量达55.8毫米，积雪深度达42厘米；亚东县最大积雪深度达40厘米；定结县最大积雪深度达20厘米。据统计，阿里、日喀则地区因雪灾造成伤病1000余人；死亡牲畜21.6万多头（只）。2月13～16日，林芝地区察隅县出现了连续性雨雪天气，其中14～16日出现暴雪，个别地区积雪厚度达45厘米，低洼地积雪厚度

达120厘米，6个乡镇出现了不同程度的雪灾、雪崩等灾害。

2月13～18日，南疆西部出现了大范围的降雪天气，疏附、英吉沙、莎车、叶城浅山区积雪深度超过40厘米，局地达60厘米。这是近30年来2月份南疆西部范围最广、强度最大的一次降雪天气过程。对冬小麦、林果业安全越冬、土壤补墒、缓解春季旱情较为有利。但对交通运输、民航、电力、产羔育幼和农业造成一定的影响。大雪造成喀什地区7100人受灾，死亡牲畜近2000头（只）。

2. 后冬湖南、湖北、贵州部分地区发生严重冰冻灾害

2月上中旬，南方部分地区异常偏冷，湖南、湖北和贵州等地出现了大范围雨雪和冰冻天气，过程持续时间长、影响范围广。

湖南省电网遭遇1954年以来最严重的冰冻破坏，常德、益阳、湘潭、娄底、长沙、岳阳、邵阳、怀化等地多条220 000伏及500 000伏的主干线覆冰，电线积冰最大直径为6～8毫米，南岳山最大电线积冰69毫米，覆冰造成多处电线杆塔出现倒杆、断线等险情。另外，因这段时间正值春节假期，长时间的湿冷天气，严重影响了节日生活和旅游活动。

湖北省2月5～18日出现了持续的低温阴雨雪天气，气温显著偏低，部分地区出现了冻雨、雷雨，大部分地区出现中等强度的降雪，鄂西南、鄂西北、鄂东南等半高山地区积雪一般在10厘米以上，丹江口市部分乡镇积雪达30厘米，五峰县出现了1964年以来最严重的冰冻灾害，鄂西南、江汉平原、鄂东北等地区还出现雨淞。此次低温阴雨雪冰冻天气导致湖北19个县（市、区）受灾。

从2004年12月到2005年2月，贵州省中部及偏东地区出现持续阴雨雪天气，黔东南苗族侗族自治州的天柱、剑河、黎平、锦屏、台江、雷山等县出现了几十年罕见的冰冻灾害。铜仁地区万山出现长时间降雪、冰冻天气，最大积雪深度达27厘米，电线结冰直径达7厘米以上，导致全区停电、县城停水、公路主干道及通乡公路中断、通信邮政严重瘫痪，给人民群众生产生活及交通运输带来极大不便，共计2万多人受灾，直接经济损失达1130万元。

3. 春季长江中下游及云南、甘肃、青海等地发生雪灾或冻害

3月8～13日，受强冷空气影响，我国东部地区自北向南出现大范围的大风降温天气，北方大部气温下降了5～15℃，南方大部过程降温有10～16℃，湖北东南部、湖南东部、江西大部、安徽南部等地降温幅度达到16～20℃。长江中下游地区出现了历史同期罕见的雨雪和冰冻天气，对春耕生产和越冬作物生长造成不利影响。受暴雪、大风、低温冷冻等灾害影响，湖北、安徽、浙江、江西4省有1209.9万人受灾，农作物受灾面积82.2万公顷，倒塌房屋5300余间。

3月2～7日，云南中北部地区出现持续雨雪和降温天气，大部地区最高气

温降幅达 10～22℃，过程降水量有 20～30 毫米。全省 20 多个县（市）遭受严重的雨雪和低温冷冻灾害，大面积的农作物、经济作物遭受损失，大量牲畜冻死、冻伤，部分民房受损，交通、通信和电力设施遭到破坏，给人民群众的生产生活带来了很大的困难。

4 月 5～10 日，北疆大部、南疆部分地区出现大风降温、降水天气，和田、喀什、塔城、吐鲁番、哈密地区及乌鲁木齐、巴州等地发生雪灾或霜冻。其中，和田地区受灾最重，受灾人口约 15.7 万，死亡 1 人，农作物受灾面积 15.5 万公顷。

5 月份，甘肃省出现较大范围的晚霜冻，部分地区受灾。5 月 5～6 日，甘肃省中西部大部分地区出现霜冻，日最低气温一般为－6～0℃，日地面最低温度达－12～0℃；5 月 19 日，甘肃中南部地区乌鞘岭、景泰、夏河、碌曲、玛曲、合作等地发生霜冻，日最低气温为－1.3～0℃，日地面最低温度达－3～0℃。据统计，5 月份的霜冻灾害造成甘肃全省农作物受灾面积 3 万公顷，死亡大牲畜 5000 多头（只），直接经济损失达 1.4 亿元。

5 月 13～18 日，青海茫崖、天峻、湟中等地出现连续雨雪天气，气温骤降。茫崖地区出现暴风雪，茫崖尕斯乡灾区积雪深度达 20 厘米左右，部分地区积雪深度达 30～40 厘米，恶劣天气造成中国石油青海物探公司 15 名野外工作人员死亡，1 人失踪，冻伤 13 人。

4. 东北地区春季出现低温阴雨天气

4、5 月份，东北大部雨雪丰沛，降水普遍较常年同期偏多。特别是黑龙江，4 月份降水异常偏多，除北部和西南部地区外，大部地区偏多 1～2 倍。5 月上中旬，东北地区持续低温阴雨天气，气温普遍偏低 1～2℃，黑龙江东部偏低 2～4℃；而大部地区降水量较常年同期偏多 3 成至 1 倍，吉林、辽宁的部分地区偏多 1～2 倍。这一时段东北地区平均气温为 1961 年以来同期最低，平均降水量则为 1961 年以来同期最大值。持续低温阴雨使大田播种受到不利影响，导致播种期拖后，大部分地区作物生长缓慢，发育期普遍推迟。黑龙江一些地区农田土壤过湿，出现涝象；吉林省由于低温阴雨而烂种面积达 2.4 万公顷；辽宁省由于低温阴雨造成作物受灾面积也达 2.1 万公顷。

5. 岁末，山东威海、烟台遭受历史罕见暴雪袭击

山东省威海、烟台 12 月 3～7 日、10～18 日和 20～22 日连续三次遭受强降雪袭击，持续时间长达半月之久。两市 12 月 3～22 日累计降雪量分别达 98.7 毫米和 80.6 毫米，均为建站以来历年同期最大值。由于降雪持续时间长、强度大，且伴有剧烈降温和偏北大风，给威海、烟台两地的人民群众生活和工农业生产造成严重影响。高速公路和机场关闭、客车停运，数万市民徒步上班，各

中小学被迫停课，厂房、仓库、大棚等各类建筑物也遭受不同程度的破坏。此次雪灾共造成两地直接经济损失5.5亿元，因灾死亡2人，12人受伤，其中威海受灾较重。

　　另外，11月27日至12月初，内蒙古巴彦淖尔市乌拉特中旗出现连续降雪，造成8个苏木（乡镇）5200多户1.9万人受灾，受灾牲畜63.5万头（只），其中死亡3900头（只），直接经济损失2572万元。11月30日至12月5日，辽宁省辽中、沈阳、抚顺及大连等地先后出现大雪或暴雪天气，沈阳和大连市的交通均受到影响，大连机场204个航班被迫延误或取消，6300多名旅客受到影响。

　　（七）2006年

1.2005/2006年冬季，新疆北部和西部多次出现降雪、降温天气

　　2005/2006年冬季，新疆北部和西部多次出现降雪、降温天气，季降水量普遍有20～100毫米，是常年同期的1.5～3倍，阿勒泰、塔城、伊犁等地发生严重雪灾。进入2月份后天气回暖较快，北疆西部气温明显偏高，伊犁哈萨克自治州4个县（市）遭受融雪性洪涝及冰凌灾害。

2.4月9～13日，西北及中东部大部地区出现了强降温天气

　　4月9～13日，受强冷空气影响，西北及中东部大部地区出现了强降温天气，降温幅度普遍有10～20℃，西北大部、华北西部等地出现霜冻，其中山西晋中、临汾等地降了特大暴雪。此次低温冻害和雪灾导致山西、陕西、河南、四川等省118万公顷农作物受灾，直接经济损失达77.5亿元。

3.4月19～20日，东北东部遭受同期罕见暴雪袭击

　　4月19～20日，东北东部遭受同期罕见暴雪袭击，黑龙江省牡丹江、宁安等13个县（市、区）10.4万人受灾；吉林省延边朝鲜族自治州有8个县（市）3.3万人受灾。

4.9月上中旬，我国北方部分地区遭受低温冷冻害

　　9月上中旬，受强冷空气影响，我国北方部分地区遭受低温冷冻害，局部地区遭受雪灾。受灾人口576.5万人，受灾面积350万公顷，直接经济损失达34.6亿元，其中内蒙古、陕西、山西、河北、辽宁、黑龙江灾情较重。

　　（八）2007年

1.1月15～17日，长江中下游出现大范围雨雪天气

　　1月15～17日，长江中下游出现大范围雨雪天气，湖南中北部、湖北东南

部、安徽沿江一带出现了大到暴雪，局部达到大暴雪强度。安徽、湖北两省共有 210 多万人受灾，农作物受灾面积 14.5 万公顷，直接经济损失达 2 亿多元。

2. 3 月 2～6 日，北方地区出现大范围雨雪天气

3 月 2～6 日，北方地区出现大范围雨雪天气，其中辽宁、吉林、黑龙江、山东等地出现 1951 年以来最强的暴风雪。大范围降水弥补了北方旱区冬季降水的不足，对解除旱情、春耕备耕和抑制沙尘等极为有利，但也对农业、电力、交通及人们的正常生活产生严重的影响。暴风雪使部分地区铁路、公路停运，机场关闭，中小学停课，农户大棚、房屋受损严重。辽宁省 120 多万人受灾，14 人死亡，倒损房屋 9500 多间，直接经济损失达 109 亿元。山东省 64.1 万人受灾，3 人死亡，倒损房屋 8400 多间，农作物受灾面积 3.6 万公顷，直接经济损失达 19.6 亿元。河北省 100.8 万人受灾，直接经济损失达 4.3 亿元。内蒙古 111 万人受灾，受灾草牧场 166.7 万公顷，直接经济损失达 1.3 亿元。

3. 4 月初，我国中东部地区出现大范围降温天气

4 月初，我国中东部地区出现了大范围降温天气，降温幅度普遍在 10℃ 以上，其中贵州、湖南大部、广西北部、江西西部及重庆南部等地降温超过 16℃，四川盆地出现了近 50 年来春季最强的降温天气过程。陕西、山西、河南等地的局部地区遭受严重低温冷冻灾害，造成 505.5 万人受灾，农作物受灾面积 46.6 万公顷，绝收 8.7 万公顷，直接经济损失达 33.1 亿元。

（九）2008 年

1. 1 月 10 日至 2 月 2 日，我国大部尤其是南方地区连续 4 次出现低温雨雪冰冻天气过程

1 月 10 日至 2 月 2 日，我国大部尤其是南方地区连续 4 次出现低温雨雪冰冻天气过程，其影响范围之广、强度之大、持续时间之长、造成灾害之重，总体上达百年一遇，为历史罕见。灾害影响范围广：涉及全国近 2/3 的省（自治区、直辖市），全国除华南南部、东北及云南中南部等地以外的大部分地区均出现冰冻天气。强度大：表现为降温幅度大、气温异常偏低、降雪量异常偏多。持续时间长：安徽、贵州、湖北、湖南和江西 5 省冬季最大连续低温日数（日平均气温＜1℃）达 19 天，较常年同期（5 天）偏多近 3 倍，为 1951 年以来最大值，上述 5 省冬季最长连续冰冻日数达 11 天，较常年同期偏多 8.1 天，如此长的连续冰冻天气达百年一遇。造成的灾害重：持续低温雨雪冰冻灾害给交通运输、电力传输、通信设施、农业及人民群众生活造成严重影响和损失。据统计，此次低温雨雪冰冻灾害，共造成农作物受灾面积 1100 多万公顷，受灾达 1 亿多人，直接经济损失超过 1500 亿元。

2.10月26～28日，西藏部分地区出现有气象资料以来范围最广、强度最强的雨雪天气过程

10月26～28日，西藏林芝、昌都、山南、那曲和日喀则地区出现了有气象资料以来范围最广、强度最强的雨雪天气过程。全区3个站过程降水量超过100毫米，其中米林和错那的日降水量均突破历史极值；全区7个站积雪超过10厘米。强降雪（雨）天气过程造成山南地区隆子、错那和措美3县受灾严重。

（十）2009年

1.6月1日至7月20日，东北地区中北部出现持续低温阴雨天气

6月1日至7月20日，东北地区中北部出现持续低温阴雨天气，黑龙江、吉林区域平均气温均为1984年以来历史同期最低值。黑龙江平均降水日数和降水量均为1951年以来历史同期最大值，吉林平均降水日数为1972年以来历史同期最大。低温、寡照加之前期干旱，对农业生产造成较大影响，导致作物生长缓慢，发育期延后，抗病虫害能力下降。

2.10月31日至11月16日，我国东部地区出现了3次大范围降温和雨雪天气过程

10月31日至11月16日，我国东部地区出现了3次大范围降温和雨雪天气过程，最大降温幅度普遍有15～20℃，部分地区达20℃以上。华北、黄淮、长江中下游地区初雪日期比常年偏早25～35天，部分站点初雪日期为当地有气象记录以来最早的。

3.11月9～12日，河北、河南、山西、江苏、安徽等省的部分地区最大积雪深度突破历史纪录

11月9～12日，河北、河南、山西、江苏、安徽等省的部分地区最大积雪深度突破历史纪录，其中河北石家庄积雪深度5厘米（超历史极值36厘米），山西阳泉积雪深度40厘米（超历史纪录21厘米）。低温暴雪共造成我国中东部地区1764.9万人受灾，因灾死亡3人；农作物受灾面积67.1万公顷，绝收4.7万公顷；倒损房屋12.3万间；因灾直接经济损失达110.7亿元。

（十一）2010年

1.2009年11月至2010年4月，东北、华北发生近40年来罕见持续低温灾害

京津冀地区和东北三省平均气温分别为1971年以来历史同期最低值和次低值。1月1～6日，北方遭受强寒潮袭击，东北大部及内蒙古东北部极端最低气温达-30～-40℃，局部地区在-40℃以下。1月1日内蒙古满洲里最低气温达-43.8℃，突破历史极值；北京1月6日最低气温达-16.7℃，突破1971年以

来 1 月上旬最低气温纪录。1 月 17～23 日，中国大部地区再次遭受强寒潮袭击，渤海出现罕见海冰，海冰面积达 2000 年以来历史同期最大值。低温灾害对冬小麦、油菜生长影响严重，造成冬小麦越冬期明显偏早，弱苗比例大；生长积温偏少，返青迟缓。

2.1～3 月新疆北部平均降水量、平均降水日数突破历史同期最大值

2010 年 1～3 月，新疆北部平均降水量 94.8 毫米（较常年同期偏多 3 倍）、平均降水日数 36 天（较常年同期偏多 16.7 天），均为历史同期最大值。1 月上中旬，阿勒泰、塔城、富蕴等气象观测站日降雪量屡破当地 1 月日最大降雪量的极值，新疆北部地区积雪深度普遍在 25 厘米以上，阿勒泰最大积雪深度达 94 厘米，富蕴达 88 厘米，均突破冬季历史极值。强降雪导致新疆北部遭受低温冷冻和雪灾，造成人员伤亡和较重经济损失。

3.11～12 月东北及内蒙古东部降水量为 1961 年以来历史同期次多

11～12 月，东北及内蒙古东部降水量为 45.2 毫米，为 1961 年以来历史同期次多。11 月 7～14 日，受冷空气影响，东北大部及内蒙古东部出现降雪，部分地区出现大到暴雪，内蒙古和黑龙江部分地区受灾，降雪对民航和公路交通造成较大影响。11 月 20～27 日内蒙古兴安盟、锡林郭勒盟、通辽和赤峰等地部分地区先后遭受雪灾，造成较大经济损失。

4.12 月 10～16 日中国南方地区出现大范围雨雪天气过程

12 月 10～16 日中国南方地区出现大范围雨雪天气过程，江南及华南北部出现大雪，局地出现暴雪。15 日积雪监测显示，安徽南部、湖北、湖南北部、江西北部、浙江北部等地积雪深度有 5～15 厘米，局地超过 15 厘米。南方强降温降雪天气对交通、电力等造成不利影响。

后　记

气象灾害防御机制涉及面很宽，既有组织机构、管理方式、运转形式的问题，也涉及气象灾害防御配套法律法规体系，资金投入，防御规划与应急预案制订，工程性措施和非工程性措施的设计、立项、组织实施，还涉及政治环境、社会环境的营造，宣传教育培训体系的建设，防灾意识的提升和转变。每一个涉及面要深入研究都是一个具有深远意义、工作量繁重、技术难度大的科研课题。

为了在有限的时间内，从气象灾害防御的整体上研究如何建立高效机制，提高综合防御能力，我们重点从全面分析调研国内外气象灾害防御的现状和先进经验入手，分析我国气象灾害防御中存在的问题，并提出了针对性的建议；利用战略管理的 SWOT 分析法和时间序列分析法，对成功和失败的个案进行深度分析，结合国内外一些个案中成功和失败的经验和教训，分析提出了气象灾害防御的关键因素和应对建议。

在上述分析调研的基础上，为了做到"有所为，有所不为"，项目组集中精力按照整合资源、高效运转、资源共享、节约防御成本的思路，设计了气象灾害防御的组织体系，提出了机构设置构想和概括性的部门职责分工，构建了政府主管、纵向畅通的管理指挥机制，以及政府主导、部门联动的决策协调防灾机制和群众参与、全社会防御的行动机制，以统一管理指挥、减少重复建设、提高协调运转效率来体现防御机制的高效。

为了解决当前防御规划和应急预案可操作性不强的问题，研究提出了具有指导性的编制技术要求，可为各级政府组织编制有效的防御规划和应急预案提供参考；通过完备的防御规划和应急预案的实施可实现有序、高效的气象灾害防御，提高气象灾害防御的效率。

为全面理清气象灾害防御全过程的主要任务，分析提出了气象灾害防御 4 个阶段的主要任务内容，针对不同气象灾害的特点，提出了分灾种的部门联动机制和职责，为气象灾害防御工作提供了一个完整的路线图和任务清单；通过明晰气象灾害防御各阶段的主要任务，为防御工作减少遗漏疏忽，实现预防准备充分、灾前防御到位、应急减灾高效、灾后恢复有力奠定了基础，也从克服盲目防御、提高科学防御水平、降低防御成本等方面体现了高效防御的目的。

　　为全面提高气象灾害防御的整体实力，本书对气象灾害防御最薄弱的基层单元如何开展防御工作进行了分析研究，设计了基层单元气象灾害防御管理实施机构的构建模式，提出了其行动计划和重点任务；通过提高基层防御能力促进全社会防御能力的提高，实现基层防御到位、上下配合协调的防御新局面；依靠基层能力建设，减少目前基层防御能力薄弱、应急范围无序扩大、人力物力交叉运作等高成本防御现象，推动基层为主、适度防御，属地为主、分级负责防御格局的尽快建立和完善。